高等职业教育教材

有机化学实验

第二版

刘小忠　胡彩玲　主编

陈东旭　主审

化学工业出版社

·北京·

内容简介

《有机化学实验》（第二版）以加强基础与能力培养为主线，按照由浅到深、循序渐进的认知规律，紧密对接生物与化工大类专业，构建实验实训前准备、基本操作、基础实验、综合实训和创新实验 5 个模块。

实验实训前准备模块介绍实验安全和常见有机化学实验仪器与设备，并融入新仪器与设备；基本操作模块介绍玻璃仪器的干燥，有机化学实验的加热和冷却，有机化合物的干燥、萃取与过滤，有机化合物的蒸馏与分馏和有机化学实验回流操作；基础实验模块介绍了有机化合物的重结晶、熔点测定、水蒸气蒸馏等物理操作，以及甲烷、乙烯等简单有机化合物的制备和官能团的鉴别；综合实训模块介绍了常见有机化合物的制备，将有机化合物的合成、提纯、鉴别等技能融入综合实训中，包含 β-萘乙醚、乙酸异戊酯、1-溴丁烷、阿司匹林和乙酰苯胺的制备；创新实验模块进行设计和实施的创新性实验，包含催化剂的应用、有机聚合物的制备、精细化学品的制备、天然产物的提取和绿色合成设计等 10 个实验。

本书可作为高职高专化工、制药、分析检验相关专业的教学用书，也可供相关专业技术人员参考。

图书在版编目（CIP）数据

有机化学实验 / 刘小忠，胡彩玲主编. — 2 版.
北京：化学工业出版社，2024. 9. —（高等职业教育教材）. — ISBN 978-7-122-46428-6

Ⅰ. O62-33

中国国家版本馆 CIP 数据核字第 2024WK9593 号

责任编辑：刘心怡　旷英姿　　文字编辑：丁　宁　朱　允
责任校对：刘　一　　　　　　装帧设计：关　飞

出版发行：化学工业出版社
　　　　　（北京市东城区青年湖南街 13 号　邮政编码 100011）
印　　装：中煤（北京）印务有限公司
787mm×1092mm　1/16　印张 15¾　字数 390 千字
2025 年 1 月北京第 2 版第 1 次印刷

购书咨询：010-64518888　　售后服务：010-64518899
网　　址：http://www.cip.com.cn
凡购买本书，如有缺损质量问题，本社销售中心负责调换。

第二版前言

党的二十大报告提出"深入实施科教兴国战略、人才强国战略、创新驱动发展战略",教材作为教育目标、理念、内容、方法、规律的集中体现,是人才培养、知识传播的重要载体,也是引领创新发展的重要基础,必须紧密对接国家发展重大战略需求,不断更新升级,更好地服务于高素质技术技能人才的培养。修订团队根据高职高专生物与化工大类各专业人才培养的目标和新要求,广泛调研"有机化学实验"课程开设情况。在此基础上,对本书第一版进行了修订。

修订工作深入贯彻全国职业教育大会精神,落实党的二十大精神进教材的要求,有机融入生态文明教育、精益求精的工匠精神,引导学生树立正确的价值观,养成爱岗敬业、勇于探究的职业素养;强调绿色低碳发展和安全环保责任意识,强化技能操作的规范性和应用性,培养学生发现问题、分析问题和解决问题的能力。主要修订内容体现在以下几个方面。

1. 嵌入了与化学工业出版社合作开发的高质量数字化媒体资源。实验操作视频以二维码的形式融入纸质教材,打破时空局限,方便学生时时能学、处处可学;教材图文并茂,配套有清晰的真实装置照片,引导学生注重操作规范,保证实验数据的可靠性。

2. 引入了全国职业院校技能大赛相关内容和要求。将"化学实验技术"赛项中乙酸乙酯的制备融入教材,课赛融通,以赛促教、以赛促改、以赛促学,不断提升学生综合能力。

3. 更新了部分阅读材料。介绍与生活、生产关联度更高的实验产品,提升学生兴趣。

4. 进行了教材形式上的活页设计。设计了活页式的实验任务单和实验记录单,更具实用性,更加便于教学活动的开展。

本书由湖南化工职业技术学院刘小忠和胡彩玲担任主编,陈东旭主审。刘小忠主持修订了数字化媒体资源和模块4;胡彩玲主持修订了模块2;唐新军主持修订了模块1;谭美蓉主持修订了模块3、阅读材料、实验任务单与实验记录单;胡文伟主持修订了模块5。全书由刘小忠负责统稿。

由于编者水平有限,书中不足之处在所难免,恳请读者批评指正。

编者
2024 年 3 月

目录

模块 1

实验实训前准备

任务 1
认识实验安全

【学习目标】

1. **知识目标**
   ① 掌握有机化学实验室准则。
   ② 掌握有机化学实验室安全守则和安全预防方法。

2. **技能目标**
   ① 能够说出有机化学实验室准则内容。
   ② 能够预防有机化学实验室中毒、火灾、爆炸、灼伤和割伤等事故。
   ③ 能够处理有机化学实验室安全事故。

3. **素养目标**
   ① 树立规范、安全和环保意识。
   ② 养成良好的实验习惯和严谨的科学态度。

　　有机化学实验通常使用易燃、易爆、有毒、有腐蚀性的化学试剂，所用仪器一般为易碎易裂的玻璃器皿、电器设备等。若使用不当，或者处理不当，容易造成着火、爆炸、中毒、灼伤、割伤或触电等安全事故。为了保障实验人员的人身安全，安全有效地进行有机化学实验，实验人员必须预先进行实验室安全教育和培训。树立安全意识，加强科学管理，严格执行操作规程，是培养良好的实验习惯和严谨的科学态度，做好实验的重要前提。

一、有机化学实验室准则

　　实验室准则是人们在长期的实验室工作中归纳总结出来的，它能确保正常的实验环境和工作秩序，能防止意外事故的发生。所以人人必须做到，必须遵守。

　　① 切实做好实验前的准备工作，包括完成实验预习报告，了解实验中所用试剂的理化性质，掌握仪器和设备的安全操作规程，熟悉实验设计方案和流程，掌握实验异常现象的应急处理措施等。

　　② 进入实验室以后，应尽快熟悉实验室及周围的环境，熟悉灭火器材、急救箱的存放位置和使用方法，知晓水、电、气开关的位置。

　　③ 检查实验所需的试剂、仪器是否齐全。要小心使用仪器和设备，每人应取用自己的仪器，不得动用他人的仪器。公用仪器和临时的仪器用毕应洗净，并送回原处。如有损坏，必须及时登记补领。

　　④ 实验时保持安静和遵守纪律。要求认真操作，仔细观察，积极思考，如实记录。

⑤ 严格按照实验中规定的试剂规格、用量和步骤进行实验。若要更改，须征得指导教师同意后方可实施。

⑥ 实验过程中要始终保持实验室和实验台的整洁，节约用水、电和试剂，减少废弃物的产生。

⑦ 实验完毕，残渣、废液等应倒入指定容器内，统一处理。实验人员要及时洗手，关闭水、电开关，经指导教师检查合格后方可离开。

二、有机化学实验室安全

基于有机化学实验的特点，有机化学实验的安全操作、事故的预防和处理显得尤为重要，只有做到防患于未然，掌握基本的实验安全知识，才能避免事故的发生，或者将事故的影响程度降到最低。

1. 实验室的安全守则

① 不要用湿的手、物接触电源。水、电一经使用完毕，就立即关闭开关。点燃的火柴用后立即熄灭，不得乱扔。

② 严禁在实验室内饮食、吸烟或把食品带进实验室。

③ 实验前，先检查仪器是否完好，实验装置（如回流、蒸馏装置）是否安装正确。如发现仪器有故障，应立即停止使用，报告教师，及时排除故障。

④ 实验过程中，禁止擅离岗位，禁止打闹和嬉戏。要时刻注意反应进行的情况和装置有无漏气、漏液、破裂等现象，如有意外应及时报请教师处理。

⑤ 绝对不允许随意混合各种化学试剂，以免发生意外事故。

⑥ 倾注药品或加热液体时，容易溅出，不要俯视容器。尤其是浓酸、浓碱具有强腐蚀性，切勿使其溅在皮肤或衣服上，更应注意保护眼睛。

⑦ 一些有机溶剂（如乙醚、乙醇、丙酮、苯等）极易引燃，使用时必须远离明火、热源，用毕立即盖紧瓶塞。

⑧ 有毒试剂（如重铬酸钾、钡盐、砷和汞的化合物，特别是氰化物）不得进入口内或接触伤口。剩余的废液不能随意倒入下水道，应倒入废液缸或教师指定的容器中。

⑨ 实验室所有试剂不得携出室外，用剩的有毒试剂应交还给教师。

2. 实验室事故的预防及其处理

（1）防火与灭火　实验室所使用的有机溶剂大多数是易燃的，着火是有机化学实验室常见的事故之一。

① 使用或处理易燃试剂时，应远离明火。不能用敞口容器盛放乙醇、乙醚、石油醚等低沸点、易挥发、易燃液体，更不能用明火直接加热。这些物质应在回流或蒸馏装置中用水浴或蒸汽浴加热。

② 蒸馏易燃有机物时，装置不能漏气，如发生漏气应立即停止加热并检查原因。

③ 实验用后的易燃、易挥发物质不可乱倒乱放，应回收处理。

④ 有机化学实验室灭火通常不能用水，而采用使燃着的物质隔绝空气的办法。若一旦发生火情，应沉着冷静并及时地采取措施，控制事故的扩大化。首先立刻熄灭附近所有火源，移开易燃物质，切断电源，再根据具体情况，采取适当的灭火措施。如容器内着火，可用石棉布、湿抹布覆盖灭火；实验台面或地面小范围着火，可用湿布或黄沙覆盖熄灭；火势

较大时,应使用灭火器。如电器起火,必须先切断电源,然后使用灭火器。

(2)防爆 实验中发生爆炸的后果往往很严重,为了防止爆炸事故的发生,应注意以下几点:

① 在空气未除尽前,切勿点燃氢气、乙炔或己烯等气体。

② 放置稍久的乙醚有过氧化物生成,蒸馏时易发生猛烈的爆炸,事先必须认真检查,若有过氧化物的存在,除去过氧化物后再进行蒸馏。

③ 仪器安装不正确,也会引起爆炸。在进行蒸馏或回流操作时,全套装备必须与大气相通,绝不能造成密闭体系。减压蒸馏时,应用圆底烧瓶或吸滤瓶作接收器,不得使用一般锥形瓶,器壁过薄或有伤痕都容易发生爆炸。

(3)防中毒 吸入有毒气体、误吞服有毒物质,或者接触到的毒物从皮肤伤口或破损处渗入人体,都可引起中毒,应注意:

① 进行有毒或有刺激性气体实验时,应在通风橱内操作或采用气体吸收装置。

② 任何试剂都不能直接用手接触。取用毒性较大的化学试剂时,应戴护目镜和橡胶手套。洒落在桌面或地面上的试剂应及时清理。若有水银泼洒在桌面或地面,应尽可能回收,无法回收的少量汞,可以撒上硫黄粉充分混合,使其转化为无毒的硫化汞后回收。

③ 若误食或有毒物质溅入口中,尚未咽下者应立即吐出,再用大量水冲洗口腔;如已吞下,则需根据毒物化学性质进行解毒处理。如果吞入强酸,先饮大量水,然后再服用氢氧化铝膏、鸡蛋白;如果吞入强碱,则先饮大量水,然后服用醋、酸果汁和鸡蛋白。无论是酸中毒还是碱中毒,服用鸡蛋白后,都需灌注牛奶,不要吃呕吐剂。

④ 吸入气体中毒者,应将吸入者移到户外空气流通处,解开衣领和纽扣,严重者要及时送医院治疗。若不慎吸入少量氯气或溴气,可用碳酸氢钠溶液漱口,然后吸入少量酒精蒸气,并到室外空气流通处休息。

(4)防灼伤 皮肤接触高温、低温或腐蚀性物质后,均可能造成灼伤。为避免灼烧,取用这类试剂时,应戴护目镜和橡胶手套,发生灼烧时按下列要求处理。

① 被热水烫伤。一般在患处涂上红花油,再擦烫伤膏。

② 被酸灼伤。若酸溅在皮肤上,应用大量水冲洗,再用弱碱性稀溶液(如1%碳酸钠溶液或碳酸氢钠溶液)清洗,然后涂上烫伤膏。若酸液溅入眼睛,抹去溅在外面的酸,立即用大量水冲洗,然后送往医院治疗。

③ 被碱灼伤。若碱溅在皮肤上,应先用大量水冲洗,再用弱酸性稀溶液(如1%硼酸溶液)清洗;然后用水冲洗,最后涂上烫伤膏。若碱液溅入眼睛,抹去溅在外面的碱,立即用大量水冲洗,然后送往医院治疗。

④ 被溴液灼伤。先用大量水冲洗,然后用2%硫代硫酸钠溶液或酒精擦洗至灼伤处呈白色,然后涂上甘油或鱼肝油软膏加以按摩。

(5)防割伤 玻璃仪器是有机化学实验最常使用的仪器,玻璃割伤是常发生的事故。使用玻璃仪器应注意以下几点。

① 在安装仪器时,要特别注意保护其薄弱部位。安装仪器时,不宜用力过猛,以免仪器破裂,割伤皮肤。

② 一旦发生割伤,应先将伤口处的玻璃碎片取出,用蒸馏水清洗伤口后,涂上红药水或敷上创可贴。如伤口较大或割破了主血管,则应在伤口上方5~10cm处用绷带扎紧或用双手掐住,立即送医院治疗。

（6）防电　实验室中应注意安全用电，防电应注意以下几点。

① 使用电器设备前，应先用验电笔检查电器是否漏电。实验过程中如察觉有焦煳异味，应立即切断电源，以免造成严重后果。

② 连接仪器的电线插头不能裸露，要用绝缘胶带缠好。不能用湿手触碰电源开关，也不能用湿布去擦拭电器及开关。

③ 一旦发生触电事故，应立即切断电源，并尽快用绝缘物质使触电者脱离电源，然后对其进行人工呼吸并急送医院抢救。

任务 2
认识仪器与设备

【学习目标】

1. 知识目标

① 了解有机化学实验实训常用仪器与设备的类别。

② 掌握常用有机化学实验实训常用仪器与设备的作用。

2. 技能目标

① 认识并记住各种仪器与设备。

② 掌握各种仪器与设备的用途。

③ 能区分形状相似、功能相似的仪器与设备。

3. 素养目标

① 养成轻拿轻放、小心使用玻璃仪器的行为习惯。

② 初步形成有机化学实验实训的安全意识。

一、任务准备

有机化学实验实训常用的仪器与设备种类繁多、功能不同、形状各异，主要用于有机化合物的合成与提纯、检验与鉴定等，以及熔点、沸点、折射率等各种物理常数的测定。由于大部分的仪器与设备是由玻璃制作的，容易破损，特别是大部分的玻璃仪器还是磨口的，价格昂贵，因此，使用时必须轻拿轻放、小心使用、防止损坏。

有机化学实验实训常用的仪器与设备有烧瓶、蒸馏头、冷凝管、尾接管、漏斗、分水器、干燥器、热源、功能设备、其他仪器及配件共 10 类。

1. 烧瓶

常用的烧瓶有圆底烧瓶、蒸馏烧瓶和三口烧瓶，如图 1-1～图 1-3 所示。

图 1-1　圆底烧瓶

图 1-2　蒸馏烧瓶

图 1-3　三口烧瓶

① 圆底烧瓶。标准磨口设计，主要用于反应。实验实训室常用的圆底烧瓶容量为100mL、250mL、500mL，可以用电热套直接加热。把圆底烧瓶与普通蒸馏头配合使用，可以用于普通蒸馏；把圆底烧瓶与克氏蒸馏头配合使用，可用于减压蒸馏。

② 蒸馏烧瓶。标准磨口设计，比圆底烧瓶多一个支管，也可以认为是在圆底烧瓶中安装了一个普通蒸馏头，主要用于普通蒸馏。实验实训室常用的容量为125mL，可以用电热套直接加热。

③ 三口烧瓶。标准磨口设计，比圆底烧瓶多两个出口，主要用于在反应过程中需要搅拌、添加液体物料或者测量反应体系温度的反应。三口烧瓶的中间口，主要用来安装搅拌装置；两边出口，分别用来安装球形冷凝管、恒压滴液漏斗或者温度计。三口烧瓶应用功能比圆底烧瓶功能强大，如果反应过程中还需要更多的功能，可以使用四个口的四口烧瓶，或者在三口烧瓶上再安装蒸馏头。实验实训室常用的三口烧瓶容量为250mL，可以用电热套直接加热。

2. 蒸馏头

常用的蒸馏头有普通蒸馏头、克氏蒸馏头和75°弯管，如图1-4～图1-5所示。

 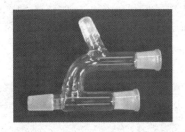 

图1-4　普通蒸馏头　　　　　图1-5　克氏蒸馏头　　　　　图1-6　75°弯管

① 普通蒸馏头。标准磨口设计，常用于普通蒸馏，分离提纯有机化合物。下口连接圆底烧瓶，上口安装温度计，支管连接直形冷凝管。

② 克氏蒸馏头。标准磨口设计，常用于减压蒸馏，分离提纯有机化合物。下口连接圆底烧瓶，正方上口安装毛细管和标准套管，用于调整体系压力，另一上口安装温度计，支管连接直形冷凝管。

③ 75°弯管。标准磨口设计，替代普通蒸馏头和温度计，直接用于普通蒸馏。短管口连接圆底烧瓶，长管口连接直形冷凝管。

3. 冷凝管

常用的冷凝管有直形冷凝管、球形冷凝管、蛇形冷凝管、空气冷凝管和刺形分馏柱，如图1-7～图1-11所示。

图1-7　直形冷凝管

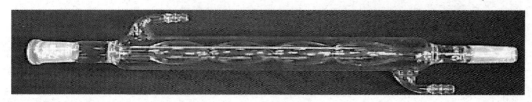

图 1-8　球形冷凝管

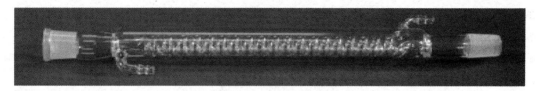

图 1-9　蛇形冷凝管

图 1-10　空气冷凝管

图 1-11　刺形分馏柱

① 直形冷凝管。直形冷凝管，标准磨口设计，由内、外两层玻璃套管组成，其中内套管为直形，所以叫作直形冷凝管。在内套管中，流过的是需要冷却的有机化合物。在外套管与内套管中间，形成了一个夹套，用来流通冷却介质，有机化学实验实训常用的冷却介质是自来水。在外套管的两端各焊接一个支管，用来连接冷却水的进、出口。为提高冷却效率，下面的支管用作冷却水的进口，上面的支管用作冷却水的出口，需要冷却的有机化合物与冷却介质逆流流动。直形冷凝管主要用于蒸馏沸点低于 140℃的有机化合物。

② 球形冷凝管。标准磨口设计，也由内、外两层玻璃套管组成，其中内套管为球形，所以叫作球形冷凝管。在内套管中，流过的是待冷却的有机化合物。在外套管与内套管间，形成了一个夹套，用来流通冷却介质。在外套管的两端各焊接一个支管，用来连接冷却水的进、出口。下面的支管用作冷却水的进口，上面的支管用作冷却水的出口，待冷却的有机化合物与冷却介质呈逆流走向。球形冷凝管的内套管为球形，冷却面积大，所以冷却效率高。同时由于球形内套管容易累积液体，所以适用于垂直式的蒸馏或者反应回流。

③ 蛇形冷凝管。标准磨口设计，也由内、外两层玻璃套管组成，其中内套管为螺旋形，像蛇，所以叫作蛇形冷凝管。在内套管中流过的是待冷却的有机化合物。在外套管与内套管间，形成了一个夹套，用来流通冷却介质。在外套管的两端各焊接一个支管，用来连接冷却水的进、出口。下面的支管用作冷却水的进口，上面的支管用作冷却水的出口，待冷却的有机化合物与冷却介质呈逆流走向。蛇形冷凝管的冷却面积比球形冷凝管大，冷却效率更高。

由于蛇形内套管更加容易累积液体，所以适用于垂直式的蒸馏或者反应回流。

④ 空气冷凝管。标准磨口设计，只有单层管，以空气作为冷却介质，主要用于蒸馏沸点高于140℃的有机化合物。

⑤ 刺形分馏柱。标准磨口设计，单层管，管中间每隔一定距离，便向内设有三根向下倾斜的刺形玻璃，所以叫作刺形分馏柱。分馏柱管的上部加工了一个支管，用来连接分馏出去的液体。也适用于垂直式的分馏或者反应回流。

实验实训中，直形冷凝管和空气冷凝管主要用于蒸馏；球形冷凝管、蛇形冷凝管和刺形分馏柱主要用于反应回流。

4. 尾接管

尾接管有普通尾接管和真空尾接管，如图1-12、图1-13所示。

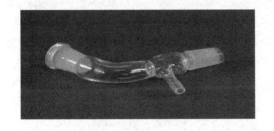 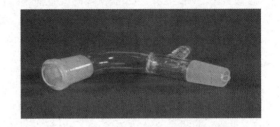

图1-12　普通尾接管　　　　　　　　　　　　　图1-13　真空尾接管

① 普通尾接管。标准磨口设计，用于普通蒸馏时，连接直形冷凝管和接收器。为防止蒸馏体系内因为压力增大而发生安全事故，普通尾接管的支管通常直接连通大气。如果馏出物中存在有毒物质（特别是气体），就用橡胶管连通支管，收集有毒的气体物质，便于安全处理。

② 真空尾接管。标准磨口设计，用于减压、普通蒸馏时，连接直形冷凝管和接收器。真空尾接管的支管连接真空设备，让真空设备抽出普通蒸馏体系内的空气，便于真空减压操作。

真空尾接管的外形与普通尾接管相似，但是管内结构差别很大。普通尾接管的管内是空的。而真空尾接管的支管上方加工了玻璃隔层，在玻璃隔层的中间焊接了一根带斜口的玻璃管，并且斜口背向真空尾接管的支管，从真空尾接管的下口伸出。蒸馏的液体有机化合物就是从该玻璃管流入接收器的，普通蒸馏体系内的空气从玻璃管外被真空设备抽出。那么，为什么玻璃管要伸出到真空尾接管下口的外面，而且斜口要背向真空尾接管的支管呢？目的是防止减压抽真空时，蒸馏出来的液体被倒吸至真空设备中。

5. 漏斗

常用的漏斗有普通漏斗、分液漏斗、恒压滴液漏斗、布氏漏斗和保温漏斗，如图1-14～图1-18所示。

图1-14　普通漏斗　　　　　　图1-15　分液漏斗　　　　　　图1-16　恒压滴液漏斗

图 1-17 布氏漏斗

图 1-18 保温漏斗

① 普通漏斗。由玻璃或者金属制作，常用的功能有三个，一是向容器中添加液体物料；二是过滤；三是安装防倒吸装置防止物质被倒吸。

② 分液漏斗。按其形状分为球形、梨形和筒形。由顶塞、漏斗体、旋塞和放液口组成，主要操作部件为顶塞和旋塞，主要用于有机化合物的萃取或者洗涤，实验室常用梨形分液漏斗。

③ 恒压滴液漏斗。标准磨口设计，可用于有机化合物的萃取或者洗涤，也可以用于反应过程中添加液体物料。反应过程中有机溶剂容易挥发，需要隔绝空气，而恒压滴液漏斗由于它的上、下两个支管互相连通，可以保证在反应体系密封时，体系内的压力保持不变。

④ 布氏漏斗。陶瓷制作，也有用塑料制作的，上面为圆筒，中间为圆锥，下面为圆柱，在圆筒的底面开很多小孔。常和真空泵、抽滤瓶配套使用，用于减压过滤，提取晶体。

⑤ 保温漏斗。由手柄、漏斗颈、漏斗体（内有夹套）、支管、注水口和通气口组成。使用时，应该先往夹套注水，然后用酒精灯加热支管，待夹套中的水沸腾时，再进行过滤操作。常用于保温过滤，以防止低温结晶。

6. 分水器

常用的分水器有"h"形、"N"Ⅰ形和"N"Ⅱ形，如图 1-19～图 1-21 所示。

图 1-19 "h"形分水器

图 1-20 "N"Ⅰ形分水器

图 1-21 "N"Ⅱ形分水器

① "h"形分水器。形状像小写的"h"，标准磨口设计，常用于分离反应生成的水。"h"形分水器，只适合用于生成物的密度小于水的水分离。反应中，生成物的密度小于水，位于水面上层，会自动返回反应器；而位于下层的水层，可以从分水器的排水口排出。

② "N"Ⅰ形和"N"Ⅱ形分水器。形状像大写的"N"，标准磨口设计，也用于分离反应生成的水。"N"Ⅰ形和"N"Ⅱ形分水器，只适合用于生成物的密度大于水的水分离。反应中，生成物的密度大于水，水层位于生成物上面，随着反应的进行，生成的水到达支管时，会自动被分离出去。

7. 干燥器

常用的干燥器有普通干燥器、真空干燥器和气流烘干器，如图1-22～图1-24所示。

图 1-22　普通干燥器　　　　　图 1-23　真空干燥器　　　　　图 1-24　气流烘干器

① 普通干燥器。由玻璃制作，中间用多孔瓷隔板隔开，隔板下面放干燥剂，隔板上面放干燥物品。常用于样品干燥，干燥效率不高。

② 真空干燥器。也是由玻璃制作，中间用多孔瓷隔板隔开，隔板下面放干燥剂，隔板上面放干燥物品，玻璃盖上装有磨口塞，磨口塞上配有抽气嘴、进气旋塞和进气凹槽。抽气嘴用来连接真空泵、循环水真空泵或者油泵，进气旋塞用来调节抽气速度，进气凹槽用来通气。它的工作原理是在真空条件下，溶剂沸点降低，很容易从固体有机化合物中蒸发而被抽走。常用于样品干燥，干燥效率比普通干燥器要高得多。

③ 气流烘干器。配有电加热器、风机和温度控制装置。通电加热气流烘干器内的空气后，风机通过风管，把热空气均匀地吹入倒置在风管口的玻璃仪器内，进行自动干燥。常用于玻璃仪器的干燥。

8. 热源

常用的热源有酒精灯、电热套和集热式恒温加热磁力搅拌器，如图1-25～图1-27所示。

图 1-25　酒精灯　　　　　　　图 1-26　电热套　　　　　　图 1-27　集热式恒温加热
　　　　　　　　　　　　　　　　　　　　　　　　　　　　　　　　磁力搅拌器

① 酒精灯。是以酒精为燃料的加热工具，由灯体、灯芯、灯芯管和灯帽组成，加热温度为400～500℃，是有机化学实验实训中最常用的加热工具。

② 电热套。有调压旋钮和电压指示表，通过调节电压来控制加热温度。加热体为半球形，加热面积大，加热效率高。常用于蒸馏、反应回流等加热操作，也是有机化学实验实训

中最常用的加热工具。

③ 集热式恒温加热磁力搅拌器。由支架、恒温锅、电加热器、磁力搅拌器、搅拌子、加热温度与加热时间设置装置等组成，常用于加热量大、稳定、时间久、操作复杂的有机化学实验实训，具有恒温、定时、自动搅拌等功能。

9. 功能设备

常用功能设备有循环水真空泵、烘箱、冰柜、电动搅拌装置、铁架台和升降台，如图1-28～图1-33所示。

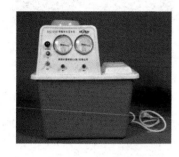
图1-28　循环水真空泵

图1-29　烘箱

图1-30　冰柜

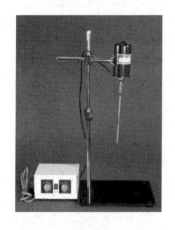
图1-31　电动搅拌装置

图1-32　铁架台

图1-33　升降台

① 循环水真空泵。由水箱、电机、抽气嘴、真空表、循环水开关、循环水进出口等部件组成，常用于减压过滤、抽真空、反应循环水冷却等操作。

② 烘箱。又叫干燥箱，分为电热鼓风干燥箱和低温真空干燥箱，由电加热器、鼓风机、电机、真空泵、干燥温度与干燥时间自动控制装置等部件组成。常用于干燥玻璃仪器和样品。低温真空干燥箱与电热鼓风干燥箱的区别就是低温真空干燥箱要和真空泵配合使用，由于是在真空状态和低温条件下干燥，干燥速度更快。

③ 冰柜。由压缩机、冰柜体、冰柜盖等部件组成，常用于制作冰块。

④ 电动搅拌装置。由带支柱的机座、微型电动机、调速器和密封装置四部分组成，其中微型电动机还配有搅拌器轧头和搅拌棒。常用于反应中的搅拌，以提高反应速率；也可以用于物料的混合，以提高混合物料的均匀度。

⑤ 铁架台。由底座、支架、双顶丝和铁夹组成。底座由铁块制作，起稳定重心的作用；

支架与双顶丝配合，用来调整装置的高度和固定铁夹；双顶丝的一端用来固定铁夹，另一端用来固定支架；铁夹用来固定实验实训仪器。所以，铁架台主要用于固定和支撑实验实训仪器。

⑥ 升降台。由旋钮、支撑架和台面组成。通过调节旋钮来控制支撑架的升降，常用于定位有机化学实验实训仪器与设备。

10. 其他仪器及配件

其他仪器及配件有门形弯管、洗气瓶、抽滤瓶、索氏提取器、干燥管、提勒管、带塞温度计、磨口塞和温度计套管等，如图1-34～图1-41所示。

图1-34 门形弯管

图1-35 洗气瓶

图1-36 抽滤瓶

图1-37 索氏提取器

图1-38 干燥管

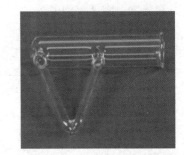

图1-39 提勒管

图1-40 带塞温度计

图1-41 磨口塞和温度计套管

① 门形弯管。标准磨口设计，常用于反应过程中导出有害气体。

② 洗气瓶。标准磨口设计，常用于洗去生成混合气体中不需要的物质。

③ 抽滤瓶。与布氏漏斗配合使用进行减压过滤、提取晶体。

④ 索氏提取器。由圆底烧瓶、提取器和球形冷凝管三部分组成。适用于固体物质的萃

取，它是利用溶剂回流和虹吸原理，使固体物质不断被新的纯溶剂浸泡，实现连续无限次地萃取。

⑤ 干燥管。安装于冷凝管的上方，用来保持体系干燥。

⑥ 提勒管。与缺口塞、温度计、浴液、毛细管等配合使用，用于测固体物质的熔点。

⑦ 带塞温度计。标准磨口设计，用来测量密封体系内的温度。

⑧ 磨口塞和温度计套管。标准磨口设计，常用于仪器和温度计密封，防止泄漏。

11. 正确选择和使用仪器与设备

有机化学实验实训操作复杂、烦琐。特别是有机化合物的制备的操作步骤多、仪器与设备多。因此，正确选择和使用合适的仪器与设备是进行有机化学实验实训操作的前提。

比如"制备乙酰苯胺"，包括新蒸苯胺、酰化反应、保温过滤、减压过滤等操作步骤。

操作第一步，新蒸苯胺，需要用到蒸馏装置，那么应该选择哪些仪器与设备来组装蒸馏装置呢？

首先，应该查询苯胺的沸点，了解蒸馏对象的属性，以确定正确选择仪器与设备的依据。经过查询，苯胺的沸点为184℃。

接着，再了解蒸馏装置需要哪些仪器与设备。一般情况下，蒸馏装置应该包括铁架台、热源、蒸馏烧瓶、温度计、冷凝管、尾接管和接收器共7种仪器与设备。

随后，逐一选择仪器与设备。

① 铁架台。

② 热源。有机化学实验实训常用的热源有三种，酒精灯、电热套和集热式恒温加热磁力搅拌器。刚才查询了苯胺的沸点为184℃，沸点比较高，需要比较大的加热量。而酒精灯的加热量太小，不稳定，不能用；集热式恒温加热磁力搅拌器，需要添加导热油来进行油浴加热，比较麻烦，加热量也比较小，也不能用；电热套，加热量大，热效率也高，正好合适。因此，选择电热套作为热源。

③ 蒸馏烧瓶。蒸馏烧瓶只有一种，无需选择。当然，如果要用圆底烧瓶和蒸馏头替代也可以，但是比较麻烦。因此，建议使用蒸馏烧瓶。

④ 温度计。为了准确地测量温度，尽量地减少温度误差，有机化学实验实训常用温度计的量程梯度比较多，有100℃、150℃、200℃、300℃等。苯胺的沸点为184℃，所以应该选择200℃的温度计。

⑤ 冷凝管。蒸馏用的冷凝管有直形冷凝管和空气冷凝管。直形冷凝管适用于蒸馏沸点低于140℃的有机化合物，空气冷凝管适用于蒸馏沸点高于140℃的有机化合物，苯胺的沸点为184℃，所以应该选择空气冷凝管。

⑥ 尾接管。尾接管有普通尾接管和真空尾接管，而新蒸苯胺在常压下蒸馏，所以选择普通尾接管。

⑦ 接收器。常用的接收器是锥形瓶。考虑到苯胺在空气中容易氧化；再者，如果把新蒸的苯胺从锥形瓶中转换到反应器圆底烧瓶中，也会造成苯胺的二次污染。所以，直接选择圆底烧瓶作为蒸馏苯胺的接收器。

选择好了合适的仪器与设备，并在蒸馏烧瓶中添加好苯胺后，按照一定的先后顺序，组装好新蒸苯胺的蒸馏装置即可。

先固定好热源，再固定铁架台的位置，调节铁夹的高度。把添加好苯胺的蒸馏烧瓶放入电热套中，并用铁夹固定。再依次安装温度计、空气冷凝管、尾接管和圆底烧瓶（或者锥形瓶），组装好的蒸馏装置如图 1-42 所示。

按照相同的方法，组装好保温过滤装置，如图 1-43 所示。保温过滤装置需要铁架台、酒精灯、保温漏斗和烧杯 4 种仪器与设备。

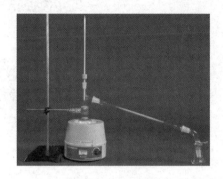
图 1-42　蒸馏装置

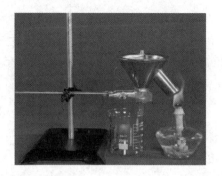
图 1-43　保温过滤装置

选择好仪器与设备，组装反应装置，如图 1-44 所示，反应装置需要铁架台、电热套、圆底烧瓶、刺形分馏柱、带塞温度计和量杯 6 种仪器与设备。

组装减压过滤装置，如图 1-45 所示，减压过滤装置需要循环水真空泵、抽滤瓶和布氏漏斗 3 种仪器与设备。

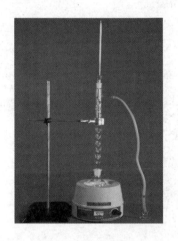
图 1-44　反应装置

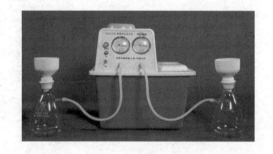
图 1-45　减压过滤装置

二、仪器设备

圆底烧瓶、索氏提取器、直形冷凝管、分液漏斗、电热套、克氏蒸馏头、循环水真空泵、玻璃仪器气流烘干器等共 40 余种仪器与设备。

三、任务实施

1. 认识和洗涤烧瓶

逐一认识和洗涤圆底烧瓶、蒸馏烧瓶和三口烧瓶，并掌握各种烧瓶的特征与功能。

认识烧瓶和蒸馏头

2. 认识和洗涤冷凝管

逐一认识和洗涤空气冷凝管、直形冷凝管、球形冷凝管、蛇形冷凝管和刺形分馏柱，并掌握各种冷凝管及分馏柱的特征和功能。

3. 认识和洗涤漏斗

逐一认识和洗涤普通漏斗、布氏漏斗、保温漏斗、分液漏斗和恒压滴液漏斗，并掌握各种漏斗的特征和功能。

4. 认识加热仪器

认识酒精灯、电热套和集热式恒温加热磁力搅拌器，并掌握酒精灯、电热套和集热式恒温加热磁力搅拌器的加热特征和应用。

5. 认识各种设备

逐一认识循环水真空泵、烘箱、冰柜、电动搅拌装置、铁架台和升降台，了解各种设备的部件、功能和使用方法。

6. 熟练使用铁架台

铁架台的组成如图 1-46 所示。

认识冷凝管

认识和漏斗和抽滤瓶

认识循环水真空泵和电动搅拌器

熟练使用铁架台

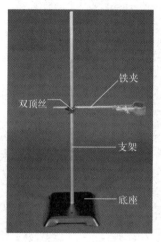

图 1-46　铁架台的组成

实验实训时操作双顶丝和铁夹注意：

① 双顶丝用来固定铁夹的一端缺口应该朝上，以防止旋松铁夹时，铁夹带着仪器跌落。

② 铁夹上用来固定仪器的螺丝应该面向操作者，便于操作和使用。

③ 用铁夹固定仪器时，先用大拇指和食指夹紧仪器，再旋紧螺丝。取下铁夹上的仪器时，也是先用大拇指和食指夹紧仪器，再旋松螺丝。这样操作的目的是紧固仪器和防止螺丝脱丝。

铁架台操作练习：

① 旋松双顶丝固定在支架上一端的螺丝，以支架为中心，360°灵活旋转铁夹和上下调整铁夹的高度。

② 旋松双顶丝固定铁夹一端的螺丝，以双顶丝为中心，360°灵活旋转铁夹和调整铁夹的长短距离。

③ 取圆底烧瓶，把圆底烧瓶的劲放入铁夹中，用大拇指和食指夹紧圆底烧瓶，旋紧螺丝，稳固安装圆底烧瓶；再用大拇指和食指夹紧圆底烧瓶，旋松螺丝，从铁夹中取下圆底烧瓶。

7. 认识和洗涤蒸馏头

逐一认识和洗涤克氏蒸馏头、普通蒸馏头和 75°弯管，掌握克氏蒸馏头、普通蒸馏头和 75°弯管的特征和功能。

认识分水器

8. 认识分水器

逐一认识和洗涤分水器，掌握"h"形分水器、"N"Ⅰ形和"N"Ⅱ形分水器的特征和功能。

9. 认识干燥器

逐一认识普通干燥器、真空干燥器和气流烘干器，掌握各种干燥器的特征和功能。

认识干燥
仪器与设备

10. 认识和洗涤尾接管

认识和洗涤普通尾接管和真空尾接管，掌握两种尾接管的特征、区别和功能。

11. 认识其他仪器及配件

逐一认识索氏提取器、提勒管、抽滤瓶、洗气瓶、门形弯管、干燥管、磨口塞、温度计套管、带塞温度计等，了解各种仪器的特征和功能。

认识尾接管和
75度弯管

四、注意事项

① 轻拿轻放、小心使用玻璃仪器。
② 如不小心打碎或者摔坏仪器，应及时报告教师，重新配置。

认识其他仪器
及配件

五、课后作业

1. 扫一扫

扫一扫二维码，测试"认识仪器与设备"的学习效果。

2. 思考题

① 普通尾接管和真空尾接管的区别在哪里？
② 圆底烧瓶和蒸馏烧瓶的区别在哪里？
③ 球形冷凝管和蛇形冷凝管，哪个的冷却效果较好？
④ 直形冷凝管和空气冷凝管的区别在哪里？
⑤ 普通干燥器和真空干燥器的区别在哪里？
⑥ 简述"h"形分水器和"N"Ⅰ形与"N"Ⅱ形分水器的应用区别。
⑦ 减压过滤装置的仪器设备有哪些？
⑧ 为什么大部分的玻璃仪器都使用磨口设计？
⑨ 为什么固定铁夹的双顶丝缺口要朝上安装？

练一练，测一测

模块 2

基本操作

任务 1
干燥玻璃仪器

【学习目标】

1. **知识目标**

　① 掌握自然干燥、烘箱干燥、热气流干燥和有机溶剂干燥的工作原理。

　② 了解干燥玻璃仪器在有机化学实验实训中的重要意义。

2. **技能目标**

　① 学会自然干燥、烘箱干燥、热气流干燥和有机溶剂干燥的操作。

　② 熟练使用电热鼓风干燥箱和玻璃仪器气流烘干器。

　③ 学会在不同条件下或者在应用不同的玻璃仪器时，选择正确、合适的干燥方法。

3. **素养目标**

　① 具备环保意识。

　② 树立安全操作意识。

一、任务准备

在有机化学实验实训中，经常需要使用干燥的玻璃仪器进行实验实训操作。比如"制备乙酸异戊酯"，反应合成，需要在干燥的圆底烧瓶内进行；粗产物洗涤，需要在干燥的锥形瓶中进行；蒸馏时，需要用干燥的蒸馏烧瓶、直形冷凝管和接收器来组装蒸馏装置。因此，每次实验实训完毕，都应该立即清洗玻璃仪器，并且进行干燥处理。常用的玻璃仪器干燥方法有自然干燥、烘箱干燥、热气流干燥和有机溶剂干燥。

1. 自然干燥

自然干燥，是利用水分在常温下自然蒸发进行的干燥，它是成本最低的干燥方法。它的干燥效率低，只适用于那些不急用的玻璃仪器干燥。如不急用的烧杯、锥形瓶、直形冷凝管、量筒、量杯等，可以先清洗干净，再倒置于滴水架上，让其自然晾干，如图 2-1 所示。

图 2-1　滴水架自然干燥玻璃仪器

2. 烘箱干燥

有机化学实验实训室常用的烘箱是电热鼓风干燥箱，如图 2-2 所示。它由电加热器、鼓风机、干燥架、干燥温度和时间自控装置等部件组成。通电启动电加热器，空气被加热后，由鼓风机吹入烘箱内,在设定的干燥温度和时间内,循环蒸发玻璃仪器壁上的水分,从而达到干燥玻璃仪器的目的。它不仅可以干燥玻璃仪器,还可以干燥耐高温的有机化合物。

干燥热敏性强、易分解和易氧化的有机化合物,需要使用低温真空干燥箱,如图2-3所示。低温真空干燥箱与电热鼓风干燥箱的区别就是低温真空干燥箱要和真空泵配合使用,以便在真空状态和低温条件下加快干燥速度。

图 2-2　电热鼓风干燥箱

图 2-3　低温真空干燥箱

3. 热气流干燥

有机化学实验实训常用的热气流干燥仪器就是玻璃仪器气流烘干器,如图2-4所示。它由电加热器、风机、风管、温度调节器等部件组成。设置好加热温度,接通气流烘干器电源,接通"热风"开关,空气被加热后,由风机吹入风管,再经风管口吹出,并进入倒置在风管口的玻璃仪器内,蒸发玻璃仪器壁上的水分,从而达到干燥玻璃仪器的目的。热气流干燥,可以在比较短的时间内完成干燥操作,干燥效率很高,操作简单、快捷。

4. 有机溶剂干燥

有机溶剂干燥法,是利用有机溶剂的快速挥发性来进行干燥的方法。干燥效率高,效果好,但是成本高,而且会产生污染,所以,只适用于应急。有机化学实验室常用乙醇和丙酮作干燥有机溶剂。先用少量的乙醇和丙酮清洗玻璃仪器后,再用电吹风的"冷风"或者玻璃仪器气流烘干器的"冷风"进行风吹干燥,如图2-5所示。

图 2-4　玻璃仪器气流烘干器

图 2-5　有机溶剂干燥仪器和溶剂

二、仪器设备与试剂

1. 仪器设备

烧杯、圆底烧瓶、直形冷凝管、量筒、滴水架、电热鼓风干燥箱、玻璃仪器气流烘干器、低温真空干燥箱、电吹风等。

2. 试剂

乙醇和丙酮。

三、任务实施

1. 自然干燥

自然干燥所用的装置就是滴水架，清洗后的玻璃仪器应倒置于支架上。操作步骤如下：

自然干燥操作

① 用烧杯刷清洗烧杯，并尽量把水倒尽，再把烧杯倒置于滴水架的支架上。

② 用锥形瓶刷清洗锥形瓶，尽量把水倒尽，再把锥形瓶倒置于滴水架的支架上。

③ 用锥形瓶刷清洗圆底烧瓶，尽量把水倒尽，再把锥形瓶倒置于滴水架的支架上。

④ 用试管刷清洗量杯，尽量把水倒尽，再把量杯倒置于滴水架的支架上。

⑤ 用长刷子清洗直形冷凝管，尽量把水倒尽，再把直形冷凝管倒置于滴水架的支架上。

⑥ 抹干净操作台面水渍，等待仪器干燥后进行下次实验实训操作。

2. 电热鼓风干燥箱（烘箱）干燥

用电热鼓风干燥箱（烘箱）干燥使用过的烧杯、圆底烧瓶、锥形瓶、直形冷凝管和量杯，具体操作如下：

烘箱干燥操作

① 清洗玻璃仪器。用棕毛刷子把烧杯、圆底烧瓶、锥形瓶、直形冷凝管和量杯清洗干净，尽量把水倒出后，放在瓷盘中。

② 摆放玻璃仪器。打开电热鼓风干燥箱门，把刚才清洗干净的玻璃仪器均匀、整齐地摆放在干燥架上。注意，如果玻璃仪器能够摆正并且有开口的，则把仪器开口朝上。比如锥形瓶应该开口朝上摆放。摆放完毕，关闭烘箱门。

③ 设置干燥温度。操作界面如图 2-6 所示。接通烘箱电源，按功能键"SET"，如果"PV"显示为"SP"，则进入温度设置状态。此时"SV"不停闪烁，按"↑"或"↓"，即上、下方向键进行"增加"或者"减少"调节温度，达到目标温度数值后，再按一下功能键"SET"，完成干燥温度设置。比如玻璃仪器干燥温度设置为110℃，则调节"SV"的显示数值为110.0后，再按一下功能键"SET"确认即可。

图 2-6　温度设置操作界面

图 2-7　时间设置操作界面

④ 设置干燥时间。操作界面如图 2-7 所示。按功能键"SET"，如果"PV"显示为"ST"，则进入时间设置状态。此时"SV"不停闪烁，再按"↑"或"↓"即上、下方向键进行"增加"或者"减少"调节时间，达到目标时间数值后，再按一下功能键"SET"，完成干燥时间的设置。注意"SV"显示的时间数值单位是分钟。比如设置玻璃仪器干燥

的时间为 45 分钟，则调节"SV"的显示数值为 45 后，再按一下功能键"SET"确认即可。

⑤ 鼓风干燥。操作界面如图 2-8 所示。接通鼓风机和烘箱电源，旋转鼓风机风量调节旋钮，调节鼓风量。由"MIN"至"MAX"鼓风量逐渐增大，即顺时针旋转鼓风机风量调节旋钮，鼓风量随之增大；反之，鼓风量随之减少。一般情况下，加热升温阶段，鼓风量可少；恒温干燥阶段，鼓风量可大。鼓风量调节完毕后，烘箱开始自动干燥工作，到达干燥时间后，烘箱自动停止工作。那么，什么是恒温干燥阶段？也就是升温达到设置温度后，即为恒温干燥阶段的起点，一直到烘箱自动停止工作为止。

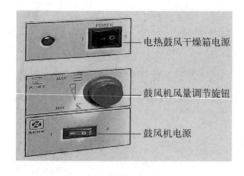

图 2-8　电热鼓风干燥箱

图 2-9　玻璃仪器气流烘干器

⑥ 取出干燥仪器。干燥结束后，关闭鼓风机和烘箱电源，打开烘箱门，让其自然降温，待其温度降至常温后，再取出玻璃仪器。如果在烘箱内温度较高时，需要急用玻璃仪器，则应该先用坩埚钳小心将其取出，并放在石棉网上冷却至常温后，才可以使用。

如果下次的干燥温度和干燥时间不发生改变，则不需要再重新设置干燥温度和干燥时间。只要把清洗干净的玻璃仪器放入烘箱内，接通烘箱和鼓风机电源即可。

3. 热气流干燥

使用热气流干燥仪器干燥使用过的烧杯、圆底烧瓶、锥形瓶、直形冷凝管和量杯，具体操作如下：

① 清洗玻璃仪器。用棕毛刷子把烧杯、圆底烧瓶、锥形瓶、直形冷凝管和量杯清洗干净，尽量把水倒出后，放在瓷盘中。

② 摆放玻璃仪器。把清洗干净的玻璃仪器均匀、整齐、合理地倒置于风管口上。注意，风口管的出风口规格大小不一，根据需要把不同的玻璃仪器倒置于不同的风管口上。也就是把容易干燥的玻璃仪器倒置于风量小的风管口上，难以干燥的玻璃仪器倒置于风量大的风管口上。

③ 吹风干燥。操作界面如图 2-9 所示。接通气流烘干器的电源，旋转"温度调节"旋钮设置好干燥温度，再接通"热风"开关，风机开始送风进行干燥。注意，"热风"与"冷风"开关，默认的是"冷风"开关，即不需要加热时，"温度调节"旋钮的指针应该指向"0"。

④ 取出玻璃仪器。当玻璃仪器被烘干后，先旋转"温度调节"旋钮至"0"，再关闭"热风"开关，同时接通"冷风"开关，等玻璃仪器被吹凉后再取下，并用手"背向"探测吹出的气流为冷风时，再关闭电源。

4. 有机溶剂干燥

急用的玻璃仪器往往是反应合成用的圆底烧瓶、三口瓶等，或者蒸馏用的蒸馏烧瓶等。现以干燥圆底烧瓶为例，介绍有机溶剂干燥。

有机溶剂
干燥操作

① 清洗圆底烧瓶。用棕毛刷把圆底烧瓶清洗干净，并尽量把水倒出。

② 乙醇洗涤。把少量的乙醇倒入圆底烧瓶内，振摇、清洗后，倒出至回收容器中。

③ 丙酮洗涤。把少量的丙酮倒入圆底烧瓶内，振摇、清洗后，倒出至回收容器中。

④ 风吹。

a. 电吹风风吹。接通电吹风电源，开启"冷风"挡，把圆底烧瓶的口朝外，用电吹风对准圆底烧瓶内吹冷风，直至圆底烧瓶完全干燥，关闭和收拾好电吹风。

b. 气流烘干器风吹。把圆底烧瓶倒置于风口管上，接通玻璃仪器气流烘干器电源，冷风由风管口吹入圆底烧瓶内，直至圆底烧瓶完全干燥，关闭玻璃仪器气流烘干器电源。

四、注意事项

① 有刻度的仪器，如量筒、量杯等不耐高温，不能用烘箱干燥。

② 具有磨口玻璃塞的仪器用烘箱干燥时，应先取下玻璃塞，再进行干燥。

③ 热气流干燥时，严禁烘干后直接关闭电源开关，以免剩余热量滞留于设备内部，烧坏电机和其他部件。

④ 用有机溶剂干燥时，注意玻璃仪器口绝对不能对准自己和他人。

⑤ 有机溶剂乙醇和丙酮，洗涤后注意回收。

⑥ 有机溶剂干燥时，电吹风必须使用冷风，绝对不能使用热风。

五、课后作业

1. 扫一扫

扫一扫二维码，测试"干燥玻璃仪器"的学习效果。

2. 思考题

练一练，测一测

① 有机溶剂干燥时，可以用电吹风的热风吗？为什么？

② 烘箱干燥时，开口仪器为什么要把开口朝上摆放？

③ 量筒、量杯不能采用哪种干燥方法？

④ 真空干燥箱与电热鼓风干燥箱有哪些区别？

⑤ 用低温真空干燥箱与电热鼓风干燥箱设置干燥温度和时间时，"SP"和"ST"代表什么？

六、操作小技巧

① 按住"↑"或"↓"方向键不动，即长按，对应数字会快速"增加"或者"减少"；如单次按"↑"或"↓"方向键，则每按一次，对应的数字"增加"或者"减少"1。

② 如果干燥温度和时间不需要改变，直接使用即可，不需要重复设置。

任务 2

加　　热

【学习目标】

1. 知识目标

① 掌握酒精灯加热、电热套加热、水浴加热、油浴加热和微波加热的工作原理及特点。

② 掌握酒精灯加热、电热套加热、水浴加热、油浴加热和微波加热适用的不同温度和操作条件。

2. 技能目标

① 掌握酒精灯加热、电热套加热、水浴加热、油浴加热和微波加热装置的组装、拆卸与基本操作。

② 熟练掌握酒精灯、电热套、DF-101S 集热式恒温加热磁力搅拌器等仪器与设备的使用。

3. 素养目标

① 初步具备有机化学实验实训仪器与设备的规范操作意识。

② 具备安全操作意识。

一、任务准备

为了提高反应速率、节省反应时间、提高生产效率，大部分有机化学实验实训需要加热。比如合成乙酸异戊酯、测固体有机化合物的熔点、测液体有氧化合物的沸点、蒸馏提纯等，都需要加热。选择什么样的加热方法，可依据具体实验实训要求，以及实验实训室的硬件配置。常用的加热方法有酒精灯加热、电热套加热、水浴加热、油浴加热和微波加热五种。

1. 酒精灯加热

酒精灯是以酒精为燃料的加热工具，由灯体、灯芯、灯芯管和灯帽组成，加热温度为400~500℃，是有机化学实验实训中最常用的加热工具，如图 2-10 所示。它使用方便、操作简单、经济实惠。但是，它属于明火，对于易燃的实验实训，绝对不能使用酒精灯加热。同时，它的加热量不够、加热面积有限、使用环境受控。因此，酒精灯加热经常用于不易燃烧、温度不需要太高的实验实训。比如熔点的测定、保温过滤等。

2. 电热套加热

电热套是有机化学实验实训中最常用的加热工具，它具有使用方便、操作简单、升温快、温度高、经久耐用，以及通过调整电压来控制加热温度的特点。它用玻璃纤维作绝缘材料，镍铬合金电热丝加热，外壳呈半球形，如图2-11所示。

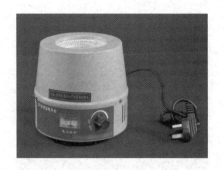

图 2-10　酒精灯　　　　　　　　　　　　　图 2-11　电热套

3. 水浴加热

在有机化学实验实训中，当加热温度不超过100℃时，经常用水浴加热。水浴加热使用方便、安全，但不适用于严格无水操作的实验，如制备格氏试剂。水浴加热经常需要多种仪器与设备配合使用。如"制备阿司匹林"用的水浴加热装置就是由铁架台、电热套、烧杯和温度计组成的，装置如图2-12所示。

也可以用恒温水浴锅替代电热套加热，装置如图2-13所示。

图 2-12　水浴加热（电热套加热）　　　　　图 2-13　水浴加热（恒温水浴锅加热）

4. 油浴加热

在有机化学实验实训中，当加热温度介于100～350℃之间，经常用油浴加热。油浴加热最大的优点就是物料受热均衡、升温速度均匀、加热时间不受限制等。常用的加热油类有甘油（140～150℃）、液体石蜡（200℃）、导热油（350℃或者更高温度）等。油浴加热装置，经常需要多种仪器与设备配合使用。比如"熔点的测定"，它采用油浴加热方法，需要铁架台、酒精灯、提勒管等装置配合使用，浴液用甘油，热源用酒精灯，装置如图2-14所示。对于加热量大、时间久、操作复杂的有机化学实验实训，用酒精灯作热源就行不通了，必须改用电热套或者其他加热量更大的热源。比如"邻苯二甲酸二丁酯的制备"需使用DF-

101S 集热式恒温加热磁力搅拌器作热源，装置如图 2-15 所示。该装置在反应合成中，还具备滴加反应原料、调速搅拌、恒温、测温等功能，适用于有机合成研究。

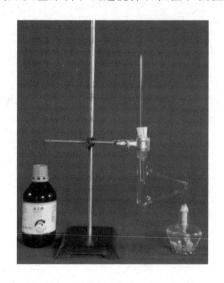

图 2-14 油浴加热（酒精灯作热源）

图 2-15 油浴加热
（集热式恒温加热磁力搅拌器作热源）

5. 微波加热

微波加热就是将微波作为热源，当微波与分子相互作用，产生分子极化、取向、摩擦、碰撞、吸收微波能而产生热效应，这种加热方法就称为微波加热。微波加热是近年来出现的新型加热方法，它安全可靠、温度可调，为非明火热源，具有加热速度快、热量损失小、操作方便等特点。装置如图 2-16 所示。

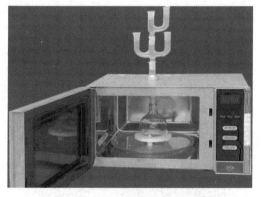

图 2-16 微波加热反应器

二、仪器设备与试剂

1. 仪器设备

铁架台、酒精灯、提勒管、烧杯、保温漏斗、电热套、温度计、恒温水浴锅、DF-101S集热式恒温加热磁力搅拌器、球形冷凝管、恒压滴液漏斗、微波加热器等。

2. 试剂

工业酒精、甘油和导热油。

三、任务实施

1. 酒精灯加热

① 添加酒精。取下酒精灯帽和灯芯套管，从酒精容器中放出酒精至酒精灯的玻璃壶中，注意放入的酒精量不能超过酒精灯玻璃壶容量的 2/3。加热时，如果酒精量少于玻璃壶容量的 1/4，要及时添加酒精。

② 调整灯芯。新酒精灯加完酒精后，必须把新灯芯放入酒精中浸泡，并且要移动灯芯套管，使灯芯两端都浸透，然后调整好其燃烧长度。

③ 点燃加热。用火柴或者打火机点燃灯芯，用其外焰加热仪器。

④ 熄灭酒精灯。加热完毕，用酒精灯帽盖住灯芯，使其自然熄灭，整理操作台面。

酒精灯的结构
与加热操作

2. 电热套加热

① 固定位置。固定电热套在实验实训装置中的位置，并插入电源插座。

② 装入仪器。装入并固定加热的玻璃仪器，如固定反应容器圆底烧瓶。

③ 通电加热。接通电源，根据加热量调节电压加热，如加热电压为 150V。

④ 停止加热。电热套加热完毕，调整加热电压为"0"，关闭电源，拔下插座，整理操作台面。

电热套的结构
与加热操作

3. 水浴加热

以电热套为热源。

① 固定位置。固定电热套在实验实训装置中的位置，并插入电源插座。

② 装入烧杯。根据反应容器的大小取合适的烧杯，在烧杯中装入适量的水，擦干净烧杯底部后，平稳放入电热套中。如制备阿司匹林，反应容器是 125mL 圆底烧瓶。取用的烧杯是 500mL，并装入 300mL 自来水。

③ 固定温度计。把测温用的温度计悬挂于烧杯中，测温水银球或者酒精液面应该与反应容器内的物料处于同一水平面。

④ 通电加热。接通电源，调节电压加热，维持水温至反应温度即可。一般情况下，烧杯中的水温比反应容器中的物料温度高 2~5℃。

⑤ 停止加热。使用完毕，调整加热电压为"0"，关闭电源，拔下插座。

⑥ 装置归位。取下温度计，戴上手套，小心把烧杯从电热套中取出，倒出热水，装置归位。

4. 油浴加热

以 DF-101S 集热式恒温加热磁力搅拌器为热源。

① 组装油浴加热装置。如图 2-15 油浴加热装置所示，固定 DF-101S 集热式恒温加热磁力搅拌器的位置；调整铁夹位置后，先后组装已加好物料和搅拌子的三口烧瓶、球形冷凝管；把恒压滴液漏斗和温度计安装在三口烧瓶的左、右口中；检查油浴加热装置的密封性后，按"下进上出"的原则，接通冷却水。

② 装入导热油浴液。把导热油缓慢倒入 DF-101S 集热式恒温加热磁力搅拌器的容器中，液面高度以超过三口烧瓶中物料液面 1cm 为宜。

③ 搅拌。开启"搅拌"电源开关，指示灯亮，顺时针方向旋转"调速"旋钮，搅拌转速由慢到快，调节到合适转速为止。

④ 连接温度传感器。连接温度传感器探头，将探头夹在支架上，移动支架使温度传感器探头插入浴液中不少于 5cm，开启"加热"电源开关。

⑤ 设置加热温度，开始加热。打开电源开关约 1min 后，仪表上"PV"红色数码显示

为400，下排"SV"红色数码显示为0.0，静止30s后，"PV"显示值为现时的水温。按"SET"键，"PV"显示"SP"，按"▲"或"▼"键，使"SV"显示为所需要的设置温度，再按一下"SET"键，"PV"显示为"ST"，仍按一下"SET"键，回到"PV"显示的实际温度。待数秒后，智能表开始自动工作。

⑥ 停止加热，装置归位。关闭"加热"电源，关闭"搅拌"电源，把三口烧瓶移出浴液并固定在支架上，冷却后，关闭冷却水，取下温度计和恒压滴液漏斗，最后取下球形冷凝管和处理三口烧瓶中的物料。倒出导热油浴液，装置归位。

5. 微波加热

微波加热的操作主要分3个阶段：通电、设置与运行。

（1）通电

① 接通微波加热器电源，开启电源和风机开关，电源指示灯和风机指示灯相应点亮。

② 把需要加热或者反应的装入有机化合物的容器放入微波腔体内，并把传感器和磁力搅拌子放入容器中。

③ 开启磁力搅拌器，模拟调整搅拌速度。即顺时针旋转磁力搅拌器旋钮，搅拌速度逐渐增加，调整搅拌速度至使搅拌器在溶液中稳定旋转为止，关闭微波加热器的门。

（2）设置

① 按"设置"键2s，进入设置状态，通过左移、右移键选择需要修改的参数，在运行设置区，被选中的参数显示为白底蓝字。通过点击或者长按"增加""减小"键改变所选参数设定值。

② 根据加热需要设定温度范围，比如加热温度至250.0℃。

③ 设置加热时间，比如设置加热时间的范围是0～999s。当"测量温度"达到"当前段的设定温度"±0.5℃范围时。"计时时间"开始计时。当"计时时间"达到"设定时间"时，微波加热器进入下一段继续运行，计时时间清零。如果某一段的时间设置为"0"，则直接跳过此段，继续运行下一段。

④ 设定挡位的范围为1～10挡，如果某一段挡位设定为10，则在此时间段运行时，最大输出功率为100%，即微波标称功率900W，设定为9，则最大输出功率为90%，以此类推。为了保证控温效果，在挡位设置时须注意：设置温度越高则相应的设置挡位应越高，反之会引起温度过高或长时间不能达到设置温度。

⑤ 设置完成后，再按"设置"键返回到正常显示状态。在设置状态下，若30s之内无任何键按下，控制器会自动返回到正常显示状态，且设置值不保存。

⑥ 设置完成后，点击启动键，微波加热器开始运行，液晶面板显示"当前状态"为"正在运行"。

（3）运行

① 测量温度和输出功率开始实时变化，"运行时间"开始计时；"运行时间"是指微波加热开始工作到观测时所用的时间，其中包括升温时间和恒温时间。

② 点击"翻页"键，显示当前温度曲线，曲线显示45min内的温度变化，当运行超过45min后，将清除曲线重新绘制。再点击两次翻页键，回到主界面。

③ 五段全部运行完成后，微波加热器停止工作，"当前状态"为"停止运行"，"运行时间"清零，关闭磁控管。蜂鸣器鸣叫30s，点击左移、右移键可使蜂鸣器消音。

四、注意事项

1. 酒精灯加热注意事项

① 绝对禁止向燃着的酒精灯内添加酒精。

② 绝对禁止用酒精灯点燃另一支酒精灯，必须用火柴或者打火机点燃。

③ 用完酒精灯，必须用灯帽盖灭，不能用嘴吹灭。

2. 电热套加热注意事项

① 由于电热套中的电热丝是由玻璃纤维包裹的，使用时绝对不能进水，否则会造成电路短路。

② 为提高加热效率，加热玻璃仪器应该与电热丝直接接触。

3. 水浴加热注意事项

① 水浴液面应该稍高于反应容器内的物料液面。

② 反应容器应避免与烧杯壁或者烧杯底部接触。

③ 由于水会不断地蒸发，在水浴加热过程中要适当地添加热水。

4. 油浴加热注意事项

① 绝对不能让水溅入油中。

② 当油受热冒烟时，应立即停止加热。

③ 如果工作中磁力搅拌子出现"跳子"现象，请立即关闭电源，重新开启电源，搅拌转速由慢至快，调节到合适转速为止。

5. 微波加热注意事项

① 严禁在微波加热器腔体内无负载的情况下开启微波加热，以免损伤磁控管。

② 微波加热器应水平放置，避免磁力搅拌不能正常工作。

③ 请勿将金属物品放入炉腔，避免金属打火。

④ 工作完毕后从腔体拿出器皿时，应戴隔热手套，以免高温烫伤。

⑤ 微波加热器外罩的百叶窗严禁覆盖，以免散热不良而造成仪器损伤。

五、课后作业

1. 扫一扫

扫一扫二维码，测试"加热"的学习效果。

2. 思考题

① 制备乙酸异戊酯能用酒精灯加热吗？

② 某同学把刚清洗过的烧杯直接放入电热套中加热，可以吗？为什么？

③ 制备阿司匹林能用油浴加热吗？为什么？

④ 如图 2-14 所示的"测定熔点"使用了哪些加热方法？

练一练，测一测

任务 3

冷 却

【学习目标】

1. **知识目标**
   ① 掌握自然冷却、冷水冷却、冰-水冷却和冰-盐冷却的特征及区别。
   ② 了解冷却方法在有机化学实验实训中的应用。

2. **技能目标**
   ① 学会自然冷却、冷水冷却、冰-水冷却和冰-盐冷却的基本操作。
   ② 学会针对不同的冷却操作应该采取什么样的冷却方法。

3. **素养目标**
   ① 树立规范操作意识。
   ② 具备环保生产理念。

一、任务准备

在有机化学实验实训中，有些反应需要在低温下进行，如重氮化反应。有些反应，因为大量的放热而难以控制反应速率，为了除去过剩的热量，就需要冷却，如呋喃甲酸和呋喃甲醇的制备。结晶时，为了降低有机化合物在溶剂中的溶解度，便于晶体析出完全，也需要进行冷却，如重结晶提纯苯甲酸。因此，冷却是有机化学实验实训中最常用的基本操作。根据冷却介质不同，常用的冷却方法有自然冷却、冷水冷却、冰-水冷却和冰-盐冷却四种。

1. 自然冷却

自然冷却就是让空气作冷却介质，把热的有机物置于空气中，让其自然冷却至常温。如"重结晶提纯乙酰苯胺"就采用了自然冷却，保温过滤后，把装有滤液的烧杯置于空气中，让其自然冷却，乙酰苯胺晶体即可析出。它的特点就是成本低、操作方便，但是效率也低。

2. 冷水冷却

由于空气的传热效率远低于冷水的传热效率，因此，在自然冷却达不到冷却效果的情况下，为了提高冷却效率，就需要用冷水作冷却介质来进行冷却。如"制备乙酸异戊酯"就采用了冷水冷却。反应生成的乙酸异戊酯和水、冰醋酸、异戊醇等混合物，被加热汽化后，在球形冷凝管中被冷水冷却，再返回至圆底烧瓶中。蒸馏提纯时，加热汽化的乙酸异戊酯，在直形冷凝管中被冷水冷却，馏出产品。

3. 冰-水冷却

在冷水冷却达不到冷却效果的情况下，为更快地提高冷却效率，常用冰-水冷却，也就是把装有待冷却物质的容器浸入碎冰与水的混合物中进行冷却。如"制备阿司匹林"就采用了冰-水冷却。反应结束后，为了使阿司匹林快速结晶和结晶析出完全，把装有粗产物阿司匹林的烧杯浸入碎冰与水的混合物中进行冰-水冷却。

4. 冰-盐冷却

如果需要冷却的温度在 0℃ 以下，可以采用冰和盐的混合物作冷却剂的方法，这种方法称为冰-盐冷却。如把 NaCl：碎冰＝30：100 的比例混合后，就配制成了冰-盐冷却剂，其冷却温度可达零下 20℃。冬天，中国南方下雪后或者温度在 0℃ 以下时，路政部门常在桥梁、高速公路、机场等路面撒盐，就是采用冰-盐冷却的原理。其冷却温度通常在零下 10～20℃ 时，才能结冰，而南方冬天的温度很少达到零下 20℃，所以撒盐后的路面不会结冰，也就有效地防止了交通事故。如果把干冰与某些有机溶剂混合，如乙醇、氯仿，则可达到 -70～$-50℃$，甚至更低的温度。部分冰-盐冷却剂的配比和冷却最低温度如表 2-1 所示。

表 2-1　冰-盐冷却剂的配比和冷却最低温度

盐类	盐/(g/100g 碎冰)	冷却最低温度/℃
NH_4Cl	25	-15
NaCl	30	-20
$NaNO_3$	50	-18
$CaCl_2 \cdot 6H_2O$	100	-29
$CaCl_2 \cdot 6H_2O$	143	-55

必须注意：当温度低于 $-38℃$ 时，不能使用水银温度计（水银在 $-38.87℃$ 凝固），而应当使用内装有机液体的低温温度计。

二、仪器设备与试剂

1. 仪器设备

烧杯、球形冷凝管、圆底烧瓶、电热套、冰柜等。

2. 试剂

冰块、氯化钠。

三、任务实施

1. 自然冷却

用 200mL 烧杯取 100mL 80℃ 的热水，放置于操作台面上，让其自然冷却至 30℃，并记录冷却时间。

自然冷却和
冷水冷却

2. 冷水冷却

用 200mL 烧杯取 100mL 80℃ 的热水，侧置于水龙头下，并不停转动烧杯，让自来水不停淋湿烧杯，待热水冷却至 30℃ 后，记录冷却时间。

3. 冰-水冷却

① 用 500mL 烧杯量取 200mL 自来水，加入 100g 左右的冰块，配制冰-水冷却剂。

② 用 200mL 烧杯取 100mL 80℃ 的热水，并放置于冰-水冷却剂中，每

冰-水冷却和
冰-盐冷却

间隔30s振摇一次烧杯，让热水均匀冷却。

③ 待热水冷却至30℃后，记录冷却时间。

4. 冰-盐冷却

① 称量30g氯化钠和100g冰块，配制冰-盐冷却剂，并放置于500mL烧杯中。

② 用200mL烧杯取100mL 80℃的热水，并放置于冰-盐冷却剂中，每间隔30s振摇一次烧杯，让热水均匀冷却。

③ 待热水冷却至30℃后，记录冷却时间。

5. 数据分析

通过冷却时间分析，对比自然冷却、冷水冷却、冰-水冷却和冰-盐冷却的冷却效率，学会选择合适的冷却方法来进行有机化学实验实训的冷却操作。

四、注意事项

① 取冰块时，应快拿快放，避免冻伤。

② 配制冰-水冷却剂和冰-盐冷却剂的冰块不能太大，也不能太小，直径1cm左右为宜。

五、课后作业

1. 扫一扫

扫一扫二维码，测试"冷却"的学习效果。

练一练，测一测

2. 思考题

① 制备阿司匹林时反应后的粗产物可以用自然冷却结晶吗？

② 冬天雪后，为什么路政部门在公路或桥梁面上撒盐？

③ 在"制备乙酸异戊酯"实训中，反应合成时球形冷凝管能用自然冷却方法冷却吗？

④ 如果冷却温度低于－35℃，使用哪种冰-盐冷却剂比较合适？如何配制？

任务 4

干　燥

【学习目标】

1. **知识目标**
   ① 掌握物理法和化学法的干燥原理。
   ② 掌握两类干燥剂的工作机制。

2. **技能目标**
   ① 掌握液体有机化合物干燥剂的添加量及基本操作。
   ② 掌握有机化学实验室中常用干燥剂及其效能。
   ③ 学会常见气体、液体和固体有机化合物的干燥。

3. **素养目标**
   ① 具备规范操作意识。
   ② 树立安全环保理念。

一、任务准备

有机化学实验经常需要除去所用试剂、溶剂、所得产物中含有的水分或者液体物质，这就需要干燥，干燥是常用的基本操作，具有十分重要的意义。干燥方法有物理法和化学法两种。

物理法就是通过加热、冷冻、分馏、抽真空、洗涤等操作来除去有机化合物中的水分，其中分馏、洗涤主要用于除去液体有机化合物中较大量的水分。化学法就是利用加入干燥剂来吸收有机化合物中水分的方法，通常是吸收有机化合物中的微量水分。干燥剂分为两类：

第一类，干燥剂与水结合进行可逆反应，生成水合物。许多无水金属盐类化合物属于此类，如"制备 1-溴丁烷"，就是用无水 $CaCl_2$ 与水结合生成 $CaCl_2 \cdot 6H_2O$ 来干燥产品 1-溴丁烷中少量的水分；再如"制备乙酸异戊酯"，就是用无水 $MgSO_4$ 与水结合生成 $MgSO_4 \cdot 7H_2O$ 来干燥产品乙酸异戊酯中少量的水分。

另一类，干燥剂与水进行不可逆反应，生成新的化合物，从而将有机化合物中的微量水分除去，CaO、金属 Na、P_2O_5 等属于此类。如用 95.5% 乙醇制备 99.5% 乙醇，就是用 CaO 与水反应生成 $Ca(OH)_2$ 来干燥乙醇中少量的水分；制备无水乙醚时，就是用金属 Na 与水反应生成 $NaOH$ 来干燥乙醚中少量的水分。

根据有机化合物的相态，干燥又分为气体有机化合物的干燥、液体有机化合物的干燥和固体有机化合物的干燥。

1. 气体有机化合物的干燥

气体有机化合物的干燥常采用吸附法，就是由干燥剂来吸收气体有机化合物中的水分，常用干燥剂是氧化铝和硅胶。其中，氧化铝的吸水量可达到其自身质量的 $15\%\sim20\%$，硅胶的吸水量可达到其自身质量的 $20\%\sim30\%$。也可使气体通过装有干燥剂的干燥管、干燥塔或者洗气瓶进行干燥。如制备乙炔时，用浓硫酸作干燥剂，让乙炔通过洗气瓶进行干燥。注意：使用装在洗气瓶中的浓硫酸作干燥剂时，其用量不能超过洗气瓶容量的 1/3，通入气体的流速也不宜太快，以免影响干燥效果。

2. 液体有机化合物的干燥

对于液体有机化合物，通常采用两种方法干燥，分别是用干燥剂除水和恒沸蒸馏。

（1）用干燥剂除水　只适用于干燥含水量比较少的液体有机化合物。如果含水量较多，干燥前必须先除去大部分水。比如制备乙酸异戊酯，洗涤粗产物后，用分液漏斗先把水层尽可能地分离干净，然后再用无水 $MgSO_4$ 干燥，否则无水 $MgSO_4$ 耗量太多，也会损失乙酸异戊酯产品。对于受热后可释放出水分子的干燥剂，在蒸馏前必须将其除去。比如 $CaCl_2 \cdot 6H_2O$ 在 30℃ 以上会失水，$MgSO_4 \cdot 7H_2O$ 在 48℃ 以上会失水，所以，蒸馏前用过滤的方法把干燥剂除去。

干燥剂种类很多，效能也不相同，如表 2-2 和表 2-3 所示。因此，选择干燥剂时要考虑下列因素：

表 2-2　各类有机化合物常用干燥剂

干燥剂	酸碱性	适用有机化合物	干燥效果
浓 H_2SO_4	弱酸性	饱和烃、卤代烃	吸湿性很强
P_2O_5	酸性	烃、醚、卤代烃	吸湿性很强，吸收后需蒸馏分离
Na	强碱性	卤代烃、醇、酯、胺	干燥效果好，但速度慢
Na_2O,CaO	碱性	醇、胺、醚	效率高，作用慢，干燥后需蒸馏分离
NaOH,KOH	强碱性	醇、胺、醚、杂环	吸湿性很强，快速有效
K_2CO_3	碱性	醇、酮、胺、酯、腈	吸湿性一般，速度较慢
$CaCl_2$	中性	烃、卤代烃、酮、醚、硝基化合物	吸水量大，作用快，效率不高
$CaSO_4$	中性	烷、醇、醚、醛、酮、芳香烃	吸水量大，作用快，效率高
Na_2SO_4	中性	烃、卤代烃、醇、酚、醚	吸水量大，作用慢，效率低，但价格便宜
$MgSO_4$	中性	醛、酮、酯、胺、酸	较 Na_2SO_4 作用快，效率高
3A 分子筛	—	各类化合物	快速有效吸附水分，并可再生使用
4A 分子筛	—		

表 2-3　各种干燥剂的效能

干燥剂	吸水容量	干燥效能	干燥速度	使用说明
$MgSO_4$	1.05	中等	快	良好的干燥剂，比 Na_2SO_4 作用快，效率高，应用范围广，几乎适用于各种有机化合物液体，$MgSO_4 \cdot 7H_2O$ 在 48℃ 以上失水
$CaSO_4$	0.07	高	很快	吸水快，效能高，但吸水容量小，建议溶液先用吸水容量大的干燥剂，如 $MgSO_4$ 或 Na_2SO_4，经初步干燥后，再用作最后 $CaSO_4$ 干燥
Na_2SO_4	1.25	低	慢	吸水容量大，价廉，作用慢，效能低，一般用于初步干燥有机化合物液体。$Na_2SO_4 \cdot 10H_2O$ 在 32.4℃ 以上失水

干燥剂	吸水容量	干燥效能	干燥速度	使用说明
$CaCl_2$	0.97	中等	较快,吸水后有薄液覆盖,放置时间长	良好的初步干燥剂。其颗粒较大,易与被干燥溶液分离,但能与许多含氧或含氮化合物反应。如与醇、酚、胺、酰胺及某些醛、酮等形成络合物,故不能用来干燥这些化合物。又因工业品氯化钙中含 $Ca(OH)_2$,也不能用来干燥酸类。$CaCl_2 \cdot 6H_2O$ 在 30℃ 以上失水
K_2CO_3	0.26	中等	快	适用于干燥醇、酮、酯、腈、胺及杂环化合物等,但不可用于酸、酚及其他酸性化合物
KOH	很高	高	快	主要用于干燥胺及杂环等碱性化合物,不能用于干燥醇、醛、酮、酚、酸、酯等化合物
分子筛	0.25	高	快	适用于干燥各类有机化合物
P_2O_5	高	高	快,吸水后有黏浆覆盖,操作不便	最后用于干燥卤代烃、醚和烃类。干燥后蒸馏溶液,使与干燥剂分开。不适用于醇、酸、胺、酮、乙醚等
Na	高	高	快	限于干燥醚及烃类的痕量水。使用时切成小块
CaO	—	高	较快	适用于干燥低级醇及胺类

① 干燥剂不能与被干燥的有机化合物发生化学反应。

② 干燥剂不能溶解于被干燥的有机化合物中。

③ 干燥剂的吸水量要大,干燥效能要高。

④ 干燥速度要快,以节省实验实训操作时间。

⑤ 干燥剂的价格要低廉,用量要较少,以节约成本。

干燥剂的用量可根据被干燥物质的化学性质、含水量及干燥剂自身的吸水量来决定。对于分子中有亲水基团的物质(如醇、醚、胺、酸等),其含水量一般也较大,需要的干燥剂较多。如果干燥剂吸水量较少,效能较低,需要量也较大。一般每 10mL 液体有机化合物添加 0.5~1g 干燥剂即可。

液体有机化合物的干燥通常在锥形瓶中进行。将已初步分离的有机化合物倒入锥形瓶中,加入适量干燥剂,塞紧瓶口,轻轻振摇后静置观察,如发现液体混浊或干燥剂粘在瓶壁上(如图 2-17 所示),应继续补加干燥剂并振摇,直至液体澄清,再静置半小时或更长时间,其间需振荡几次,以提高干燥效率。如观察到被干燥液体由混浊变为无色透明,且干燥剂棱角分明,则表明水分已基本被除去。

图 2-17　干燥剂挂壁

（2）恒沸蒸馏　某些与水能形成二元或三元恒沸混合物的液体有机化合物，可以直接进行蒸馏，把含水的恒沸混合物蒸出，剩下无水的液体有机化合物。如已知由 29.6％的水和 70.4％的苯，组成二元恒沸混合物的沸点为 69.3℃，而纯苯的沸点为 80.3℃，如将含少量水的苯进行蒸馏，当温度升高到 69.3℃时，即可蒸出含水 29.6％的二元恒沸混合物，水便被除去，温度升高到 80.3℃时，就可得到无水的纯苯。

有时也可以在需要干燥的含水有机化合物中加入另一种有机化合物，使它形成三元恒沸混合物，然后再蒸馏，将水带出。如将足够量的苯加入 95％的乙醇中，由于苯与水和少量乙醇能形成含乙醇 18.5％、水 7.4％、苯 74.1％的三元恒沸混合物，其沸点为 64.85℃，用恒沸蒸馏，可以除去乙醇中的水，得到 99.5％的无水乙醇，这是工业上制备无水乙醇的一种方法。

3. 固体有机化合物的干燥

用重结晶方法得到的固体有机化合物晶体，必须充分干燥后才能称量，测定其熔点，进行定性、定量化学分析或波谱分析，或用于下一步反应。当固体有机化合物晶体在布氏漏斗的滤纸上时，可手持清洁的玻璃塞，倒置在晶体上面挤压，同时继续减压过滤 5min，就可除去大部分水分或者有机溶剂，得到初步干燥，然后进行下一步干燥处理。

① 自然晾干。对于化学性质比较稳定、不吸潮、在空气中不分解的固体有机化合物，可采用自然晾干以除去其所含的水分或者易挥发的溶剂。这是最简便、经济的干燥方法。

自然晾干时，将被干燥的有机化合物薄薄地摊开在表面皿、大张滤纸或多孔瓷板上，上面再覆盖一张滤纸，防止灰尘污染，使有机化合物在空气中慢慢自然晾干。一般需要数天时间。

② 加热干燥。对于熔点较高、对热稳定、加热不升华的固体有机化合物，可以采用加热的方法进行干燥，以加快溶剂从固体有机化合物中蒸发出来的速度，缩短干燥时间。通常使用电热鼓风干燥箱进行干燥。操作时把需要干燥的固体有机化合物放在表面皿或蒸发皿中，然后再把表面皿或蒸发皿一起放入电热鼓风干燥箱内，进行自动干燥。注意要多次翻动样品，以防结块，也要注意防止过热熔化，加热温度应该控制在低于有机化合物的熔点或分解点 30℃以下。

③ 干燥器干燥。易吸潮、易升华或对热不稳定的固体有机化合物可放在干燥器中干燥，但是时间较长，效率较差。干燥器内常用硅胶、氯化钙等干燥剂吸收微量水分，可用石蜡片等干燥剂吸收微量有机溶剂。

干燥器有普通干燥器和真空干燥器。

普通干燥器是带有磨口盖子的玻璃缸，缸内有一个多孔瓷隔板，如图 2-18 所示。使用前要在缸口和盖子磨口处薄薄地涂上凡士林，以便密封。被干燥的固体有机化合物装在表面皿或者培养皿中，置于多孔瓷隔板上。干燥剂则放在多孔瓷隔板下面，以吸收从固体有机化合物中蒸发出来的溶剂。常用的干燥剂有无水氯化钙、浓硫酸等。

由于普通干燥器干燥固体物质需要较长的时间，干燥效率不高，一般更多的是用来存放易吸潮的样品，比如存放碳酸钠、氢氧化钠等。

为了提高干燥效率，把普通干燥器加以改进，做成真空干燥器，如图 2-19 所示。真空干燥器的磨口盖子上面装有磨口塞，如图 2-20 所示。磨口塞上配有抽气嘴、进气旋塞和进气凹槽。抽气嘴用来连接真空泵（循环水真空泵或者油泵），进气旋塞用来调节抽气速度，进气凹槽用来通气。被干燥的固体有机化合物盛放在蒸发皿或者表面皿中，并且用另一片表面皿盖住或者用滤纸包好，放在多孔瓷隔板上，干燥剂则放在多孔瓷隔板下面。用乳胶管连接抽气嘴和循环水真空泵。接通电源，启动循环水真空泵，缓慢旋转进气旋塞，使进气凹槽对准抽气嘴，真空干燥器内的空气便不断地被抽走，慢慢形成真空。在减压（真空）条件下，溶剂沸点降低，很容易从固体有机化合物中蒸发而被抽走，使干燥效率得以大幅度地提高。

图 2-18　普通干燥器

图 2-19　真空干燥器

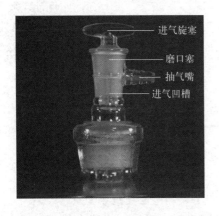

进气旋塞
磨口塞
抽气嘴
进气凹槽

图 2-20　磨口塞及部件

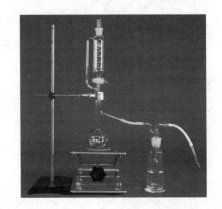

图 2-21　乙炔制备装置

二、仪器设备与试剂

1. 仪器设备

洗气瓶、蒸馏烧瓶、恒压滴液漏斗、升降台、普通干燥器、真空干燥器、锥形瓶、铁架台等。

2. 试剂及其他

无水硫酸镁、氢氧化钠、无水氯化钙、浓硫酸、凡士林及硅胶等。

三、任务实施

1. 干燥气体有机化合物

以模拟干燥乙炔气体为例。

气体有机化合物的干燥

① 组装乙炔制备装置，模拟制备乙炔气体，如图 2-21 所示。定好铁架台和升降台的位置，调整铁夹的高度，把蒸馏烧瓶放在升降台上，并用铁夹固定，安装恒压滴液漏斗，并用磨口塞盖住恒压滴液漏斗上口，用乳胶管连接好事先装入浓硫酸的洗气瓶和蒸馏烧瓶的支管，在洗气瓶的出口用乳胶管连接玻璃尖嘴管。

② 生成乙炔气体（可以用洗耳球通气），观看气体干燥状况。

③ 干燥完毕，按安装的相反顺序拆卸干燥装置，整理操作台面，恢复原状。

2. 干燥液体有机化合物

以干燥乙酸异戊酯为例。

① 取干燥的锥形瓶，加入 30mL 乙酸异戊酯。

② 按 30mL 乙酸异戊酯的 5%～10% 的比例，称量无水硫酸镁，并加入锥形瓶中。

液体有机化合物的干燥

③ 在锥形瓶口盖上塞子，轻轻振摇后静默观察干燥状况，如果液体混浊或者干燥剂挂壁，再继续补加无水硫酸镁干燥剂，如果液体澄清，则再静置 15min。

④ 小心倒出上层乙酸异戊酯，下层物料用普通漏斗过滤回收。

⑤ 收集乙酸异戊酯，清洗锥形瓶，整理操作台面，恢复原状。

3. 干燥固体有机化合物

① 打开普通干燥器的磨口盖子，取下多孔瓷隔板。

② 加入硅胶作干燥剂，盖上多孔瓷隔板。

③ 取部分碳酸钠样品放在表面皿中，并用另一片表面皿盖上，一起放在多孔瓷隔板上。

固体有机化合物的干燥

④ 在普通干燥器的缸口和盖子磨口处薄薄地涂上凡士林，盖上盖子，静置即可。

四、注意事项

① 用洗气瓶干燥气体有机化合物时，洗气瓶中的干燥剂不能超过容量的 1/3。

② 干燥液体有机化合物时，干燥剂的加入量应该控制在液体有机化合物总量的 5%～10%，太少则干燥不彻底，太多则浪费干燥剂和损失产品。

③ 使用普通干燥器和真空干燥器干燥固体有机化合物时，为密封严密，要在缸口和盖子磨口处涂抹凡士林。

五、课后作业

1. 扫一扫

扫一扫二维码，测试"干燥"的学习效果。

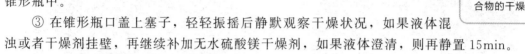

练一练，测一测

2. 思考题

① 用 95.5% 乙醇制备 99.5% 乙醇，加 CaO 干燥的原理是什么？

② 乙酸异戊酯能够用 $CaCl_2$ 干燥吗？

③ 普通干燥器和真空干燥器主要使用物理干燥法来干燥有机化合物，对吗？为什么？

④ 简单分馏是使用物理干燥法干燥水分，对吗？为什么？

任务 5
萃取（或洗涤）

 【学习目标】

1. 知识目标

① 掌握萃取（或者洗涤）工作原理。

② 掌握分液漏斗和索氏提取器的工作原理。

③ 了解萃取（或者洗涤）在有机化学实验实训中的应用。

2. 技能目标

① 学会用分流漏斗洗涤有机化合物。

② 学会用索氏提取器萃取固体物质。

③ 学会组装、拆卸和使用萃取（或者洗涤）装置。

3. 素养目标

① 树立安全意识。

② 具备环保生产理念。

一、任务准备

萃取（或洗涤），就是利用物质在不同溶剂中溶解度的不同来进行分离和提纯的操作。通常，从固体或者液体混合物中提取出所需要的物质的过程，称为萃取；从混合物中洗去少量杂质，称为洗涤。萃取和洗涤两者的原理一样，目的不同。按照被提取物的状态不同，可分为液体物质的萃取（或洗涤）和固体物质的萃取。

1. 液体物质的萃取（或洗涤）

萃取（或洗涤）常在分液漏斗中进行，分液漏斗按其形状分为球形分液漏斗、筒形分液漏斗和梨形分液漏斗。其操作部件主要有顶塞、旋塞和旋塞细端凹槽，如图 2-22 所示，为梨形分液漏斗的操作部件。

选择合适的萃取剂可以把产物从混合物中萃取（或洗涤）出来，也可以用水洗去部分有机化合物中的杂质，因此溶剂的选择必须具备下列条件：

① 萃取剂与原溶剂互不相溶。

② 萃取剂与溶质不能发生化学反应。

③ 溶质在萃取剂中的溶解度远远大于在原溶剂中的溶解度。

④ 使用起来安全、环保，并且经济实惠。

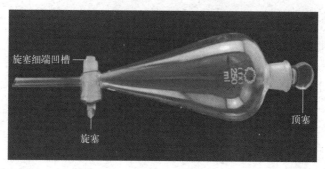

图 2-22　分液漏斗及操作部件

2. 固体物质的萃取

固体物质的萃取可以采用浸取法，即将固体物质浸泡在选好的溶剂中，其中的易溶组分被慢慢浸取出来。这种方法可在常温或低温条件下进行，适用于受热极易发生分解或变质的物质的分离（比如部分中草药有效成分的提取，就是采用浸取法）。但是该方法溶剂量消耗大、时间长，并且效率低。因此，在有机化学实验实训中，经常采用索氏提取器来萃取固体物质。

索氏提取器，又称脂肪抽取器，如图 2-23 所示。它利用溶剂回流和虹吸原理，使固体物质不断被新的纯溶剂浸泡，实现连续无限次萃取，效率较高并且节约溶剂。索氏提取器由圆底烧瓶、提取器和球形冷凝管三部分组成。先把滤纸做成滤纸筒，把已研细的固体物质装入滤纸筒中，在上面盖圆形滤纸片或少量脱脂棉，以防止固体碎渣浮出筒外，然后把滤纸筒放入提取器内。在圆底烧瓶中放入沸石，加入溶剂，组装提取器和球形冷凝管，接通冷却水，加热圆底烧瓶。溶剂受热沸腾，溶剂蒸气通过蒸气上升管上升至球形冷凝管内被冷凝为液体，回流至提取器内浸泡滤纸筒中的固体样品中，当溶剂液面超过虹吸回流管顶端时，溶剂带着萃取出的溶质通过虹吸回流管，虹吸流回至圆底烧瓶中。如此无限次循环，就可以将固体样品中的易溶物质提取出来，富集于圆底烧瓶内的溶剂中，再经蒸馏回收，即可得到纯净的产物。

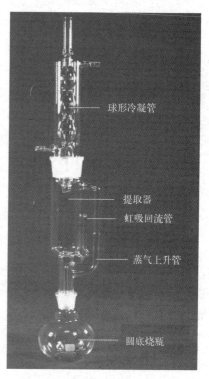

图 2-23　索氏提取器

二、仪器设备与试剂

1. 仪器设备

分液漏斗、铁架台、烧杯、索氏提取器等。

2. 试剂

粗乙酸异戊酯、茶叶、乙醇等。

三、任务实施

1. 使用分液漏斗

① 防渗漏处理。将分液漏斗洗净后，取下旋塞，用滤纸吸干旋塞及旋塞孔道中的水分，在旋塞微孔的两侧涂上薄薄一层凡士林，然后小心将其插入孔道中，为防萃取（或者洗涤）操作时旋塞脱落，应在旋塞细端伸出部分的凹槽内，套上小橡皮圈。旋转旋塞数周，至凡士林分布均匀透明为止。

分液漏斗的使用

关闭旋塞，往分液漏斗中加入清水，观察旋塞两端有无渗漏现象；再打开旋塞，观看清水能否畅通流下，然后，盖上顶塞，用手掌抵住，倒置分液漏斗，检查其密封性。在确保分液漏斗旋塞关闭时无渗漏、旋塞开启后清水畅通流下，并且顶塞密封良好的情况下才可使用，使用前必须关闭旋塞。

② 萃取操作。由分液漏斗上口倒入溶液和溶剂，盖好顶塞。为使分液漏斗中的两种液体充分接触，用右手握住顶塞，左手握住旋塞（旋柄朝上），倾斜漏斗并振摇，以使两层液体充分接触如图 2-24 所示。振摇几下后，应注意及时打开旋塞，排出因振荡而产生的气体。若漏斗中盛有挥发性的溶剂或者用碱液中和酸液时，更应注意排放气体，以防产生的 CO_2 气体冲开顶塞，漏失液体或者造成安全事故。反复振摇几次后，将分液漏斗放在铁圈中，打开顶塞，静置分层。

图 2-24　萃取操作

图 2-25　分液操作

③ 分液操作。当两层液体间的界面清晰后，便可进行分离液体的操作。把分液漏斗下端靠在接收器的内壁上，然后缓慢旋开旋塞，小心放出下层液体，如图 2-25 所示。当液面间的界线接近旋塞处时，暂时关闭旋塞，将分液漏斗取下轻轻振摇几次，再静置片刻，分层清晰后，再缓慢打开旋塞，仔细放出下层液体。当液面间的界线移至旋塞孔道的中心线时，迅速关闭旋塞，移走接收器。最后从上口把漏斗中的上层液体倒入另一个容器中。

通常，把分离出来的上下两层液体都保留到实验实训完毕，以便操作发生错误时，进行检查和补救。

④ 使用后的处理。分液漏斗使用完毕，用水洗净，擦去旋塞和孔道中的凡士林，在顶塞和旋塞处各垫上纸条，以防久置粘牢。

2. 使用索氏提取器

① 把滤纸做成与提取器大小合适的滤纸筒，然后把需要提取的样品放入滤纸筒内后再

放入提取器中，或者用纱布包住样品放入提取器。注意滤纸筒既要紧贴器壁，又要方便取放（滤纸筒上可以套一圈棉线，方便提取完成后取出滤纸筒）。被提取物高度不能超过虹吸管，否则被提取物不能被溶剂充分浸泡，影响提取效果。被提取物亦不能漏出滤纸筒，以免堵塞虹吸管。如果试样较轻，可以用脱脂棉压住试样。

索氏提取器
的使用

② 定好热源，并以热源高度为基准，把圆底烧瓶放在电热套中，用铁夹固定，在圆底烧瓶中加入几粒沸石（没有沸石可以用玻璃珠或碎瓷片，目的就是防止暴沸）。

③ 把提取器安装到圆底烧瓶中，并从提取器的上口加入萃取剂。再安装球形冷凝管，按"下进上出"的规则接通冷却水。接通电源，加热，如图 2-26 所示。沸腾后，萃取剂的蒸气从圆底烧瓶中进入球形冷凝管，冷凝后的萃取剂液体回流到滤纸筒中，不断地浸取样品。萃取剂在提取器内到达一定的高度时，就携带所提取的溶质一同从侧面的虹吸回流管流入圆底烧瓶中。萃取剂就这样在提取器内循环流动，把所要提取的溶质富集到下面的圆底烧瓶内。

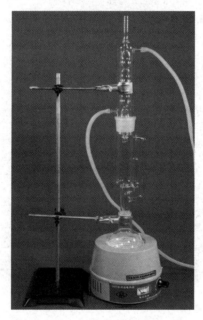

图 2-26　索氏提取装置

④ 提取完毕，稍冷后，按组装的相反顺序拆除提取装置，整理操作台面。

四、注意事项

① 使用分液漏斗时，排气必须及时，并且排气口不能对准自己和他人。
② 被萃取物质的高度不能高于虹吸回流管。

五、课后作业

1. 扫一扫

扫一扫二维码，测试"萃取（或洗涤）"的学习效果。

练一练，测一测

2. 思考题

① 用碳酸氢钠洗涤乙酸异戊酯时，为什么会产生大量的气体？

② 索氏提取器中物料的装入量为什么不能高于虹吸管？

③ 如果分液漏斗的顶塞没有打开，能放出液体吗？

📖 **阅读材料**

萃取在生活中的应用

喝一杯咖啡、泡一壶茶在日常生活中随处可见，这里其实蕴藏着萃取。其实萃取已渗透到我们生活中的方方面面，生活中有许多萃取的例子，不妨来了解一下。

1. 咖啡的冲煮

咖啡的冲煮就是一种萃取的实例。咖啡豆中的咖啡因等成分可以在水中溶解，通过冲泡咖啡豆的方式，将咖啡因等物质从咖啡豆中提取出来，形成咖啡的浓缩液。

2. 茶叶的冲泡

与咖啡相似，茶叶的冲泡也是利用了萃取的原理。茶叶中的茶多酚等物质可以在水中溶解，在冲泡过程中，将茶叶浸泡在水中，茶多酚等物质从茶叶中提取出来，形成茶水。

3. 药物的提取

在药物研发和制备过程中，萃取技术也得到了广泛的应用。通过选择性溶剂提取药物中的有效成分，从而获得纯化的化合物。比如，植物中的有效药物成分可以通过水、乙醇等溶剂进行萃取，得到纯化的药物成分。

4. 食品的加工与提取

在食品加工中，萃取技术也有着重要的应用。例如，将大豆浸泡在水中可去除其中的杂质，提取纯净的大豆蛋白质；将酒酿或者果酱中的果实浸泡在酒精中，从而提取香味和味道；通过选择性溶剂将植物中的油脂成分提取出来，获得纯净的植物油。

5. 香料的提取与制备

在香料的提取与制备过程中，也离不开萃取技术的应用。香料中的各种芳香化合物可以通过选择性溶剂提取出来，形成浓缩的香料液。这些香料可以用于食品、饮料、香水等领域。

6. 环境污染物的治理

萃取技术在环境治理中也发挥着重要的作用。例如，通过萃取技术可以将水中的有机污染物、重金属离子等物质提取出来，从而实现水质净化的目的。

7. 石油的提炼和分离

在石油的提炼和分离过程中，萃取技术也起到了关键的作用。通过选择性溶剂将石油中的各种组分进行分离纯化，获得不同规格的石油产品。

如今萃取剂的应用领域不断扩大。以前，萃取剂主要应用于石油、化工、制药等行业。现在，随着技术的不断发展，萃取剂已经应用于更广泛的领域，如食品、环保、新能源等。这为萃取剂行业提供了更广阔的市场空间，随着技术的不断发展，萃取剂的种类不断增加，如新型萃取剂、高效率萃取剂等。这为萃取剂行业提供了更多的选择，也为市场提供了更多的机会，更为我们创造了更加美好的生活环境。

任务 6

过　　滤

【学习目标】

1. **知识目标**
   ① 了解循环水真空泵的工作原理。
   ② 掌握普通过滤、保温过滤和减压过滤的工作原理及应用。
2. **技能目标**
   ① 学会普通过滤、保温过滤和减压过滤操作。
   ② 学会普通过滤、保温过滤和减压过滤装置的组装、拆卸和使用。
3. **素养目标**
   ① 具备有机化学实验实训操作安全意识。
   ② 具备团队合作精神。

一、任务准备

在推动力或外力作用下，使液固混合物（或气固混合物）通过过滤介质，将沉淀或者晶体与母液（或气体）分离开的操作称为过滤。常用的过滤方法有普通过滤、保温过滤和减压过滤。操作中，根据实验实训的要求，选择不同的过滤方法。

1. 普通过滤

普通过滤一般在常温下进行。其过滤装置通常由 60°角的圆锥形玻璃漏斗、铁架台、铁圈与烧杯组成，如图 2-27 所示。

图 2-27　普通过滤装置

图 2-28　保温过滤装置

2. 保温过滤

保温过滤又叫趁热过滤，常用于重结晶操作中。在有机化学实验实训中，用普通漏斗过滤热的饱和溶液时，常常由于温度降低而在漏斗颈中或者滤纸上析出晶体，不仅造成损失，而且因为漏斗颈阻塞而造成过滤困难。如果使用保温漏斗趁热过滤，就可以防止热的饱和溶液因温度降低而析出晶体造成过滤困难。保温过滤装置通常由保温漏斗、铁架台、铁夹、酒精灯、烧杯等组成，如图 2-28 所示。

其中，保温漏斗由黄铜铸造而成，包括漏斗体、漏斗颈、手柄、支管、注水口和通气口，如图 2-29 所示。漏斗体中间为夹套，与支管、注水口和通气口相连。

3. 减压过滤

减压过滤简称抽滤，它是利用循环水真空泵使抽滤瓶中的压强降低，以增加滤液进、出口的压力差，达到固液分离目的的操作。它既可以缩短过滤时间，又能使晶体与母液分离完全，便于后续的干燥处理。因此，减压过滤也是有机化学实验实训中常用的基本操作。减压过滤装置通常由循环水真空泵、布氏漏斗和抽滤瓶组成，如图 2-30 所示。

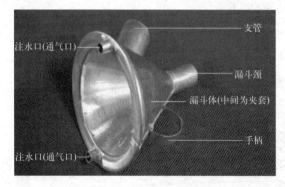

图 2-29 保温漏斗

图 2-30 减压过滤装置

循环水真空泵由水箱、电机、抽气嘴、真空泵、循环水开关、循环水进出口等部件组成，其正面如图 2-31 所示，其背面如图 2-32 所示。

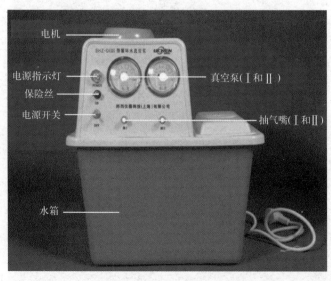

图 2-31 循环水真空泵正面

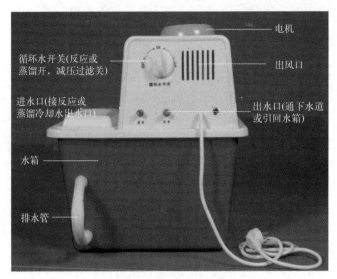

图 2-32　循环水真空泵背面

　　使用时，往水箱中注入适量清水，启动循环水真空泵，清水从"进水"管路中进入射流器，由于射流器的进口管子内径突然减少和出口管子内径突然增大，从而产生局部真空，局部真空从射流器的支管导出，进入抽气嘴形成负压，其原理如图 2-33 所示。

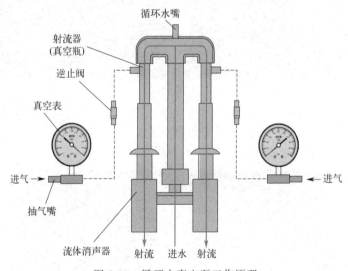

图 2-33　循环水真空泵工作原理

二、仪器设备与试剂

1. 仪器设备

铁架台、普通漏斗、烧杯、保温漏斗、酒精灯、循环水真空泵、抽滤瓶、布氏漏斗等。

2. 试剂

乙酰苯胺。

三、任务实施

1. 普通过滤

① 折叠与放置滤纸。选择与漏斗大小合适的圆形滤纸，对折两次后展开即成 60°角的圆锥体。圆锥体的一个半边为三层，另一个半边为一层。为了使滤纸和玻璃漏斗内壁贴紧，通常把三层厚的外两层角撕下一小块。把滤纸放入漏斗后，用手按住其三层的一边，用洗瓶注入少量清水把滤纸润湿，轻压滤纸赶去气泡，使滤纸与玻璃漏斗壁刚好贴合。注意：放入的滤纸要比漏斗边缘低 0.5～1cm。滤纸的折叠与安放操作如图 2-34 所示。

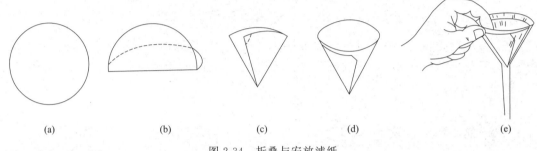

(a)　　　　　(b)　　　　　(c)　　　　　(d)　　　　　(e)

图 2-34　折叠与安放滤纸

② 组装与处理过滤装置。按照铁架台、铁圈、玻璃漏斗和烧杯的先后顺序组装普通过滤装置。定好铁架台，固定好铁圈，把准备好的玻璃漏斗置于铁圈内，玻璃漏斗下面放一个洁净的烧杯，用于接收滤液。玻璃漏斗颈口长的一边应紧靠烧杯壁，以使滤液沿烧杯壁流下，不致溅出。

过滤前，先向玻璃漏斗中加水至滤纸边缘，使玻璃漏斗颈内全部充满水而形成水柱。如果玻璃漏斗颈内不形成水柱，可用手指堵住漏斗下口，同时稍稍掀起滤纸的一边，用洗瓶向滤纸和漏斗之间的空隙加水，使玻璃漏斗颈和锥体的大部分被水充满，然后压紧滤纸边，松开堵在下口的手指，即可形成水柱。具有水柱的漏斗，由于水柱的重力而曳引漏斗内的液体流下，从而加快过滤速度。

③ 过滤操作。过滤时，左手持玻璃棒，倾斜 45°接近滤纸三层的一边，右手拿烧杯，把烧杯嘴贴着玻璃棒并慢慢倾斜，使烧杯中上层清液沿玻璃棒流入玻璃漏斗中。随着溶液的倾入，应将玻璃棒向上提高，避免其触及液面。待玻璃漏斗中的液面达到距滤纸边缘 5mm 处，应暂时停止倾注，以避免少量沉淀（或者结晶）因毛细作用而越过滤纸上缘，造成损失。停止倾注溶液时，把烧杯嘴，沿玻璃棒向上提，并逐渐扶正烧杯，以避免烧杯嘴上的液滴流到烧杯外壁，再将玻璃棒放回烧杯中，但不得放在烧杯嘴处。

接着用洗瓶沿烧杯壁旋转着吹入少量洗涤液，再用玻璃棒将沉淀（或者结晶）搅拌充分后静置。待沉淀（或者结晶）沉降后，按前面的方法过滤上层清液，如此重复 4～5 次。

最后，向烧杯中加入少量洗涤液并将沉淀搅拌，立即将此混合溶液转移至滤纸上。残留在烧杯内的少量沉淀（或者结晶）可按此法转移：左手持烧杯，用食指按住横架在烧杯口上的玻璃棒，玻璃棒下端应比烧杯嘴长出 2～3cm，并靠近滤纸的三层一边，右手拿洗瓶吹洗烧杯内壁，直至洗净烧杯。沉淀全部转移到滤纸上后，再用洗瓶从滤纸边缘开始向下螺旋形移动吹入洗涤液，将沉淀冲洗到滤纸底部，反复几次，将沉淀洗涤干净。普通过滤装置及操作如图 2-35 所示。

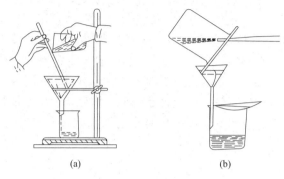

图 2-35　普通过滤操作

进行普通过滤时，应注意避免出现如图 2-36 所示的错误操作：用手拿着漏斗进行过滤、漏斗颈远离烧杯壁和液面、不通过玻璃棒引流、直接往漏斗中倾倒溶液、引流的玻璃棒指向滤纸单层一边或触及滤纸。

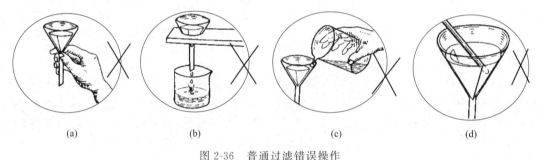

图 2-36　普通过滤错误操作

2. 保温过滤

① 折叠扇形滤纸。保温过滤时，为充分利用滤纸的有效面积，加快过滤速度，通常使用扇形滤纸，其折叠方法如图 2-37 所示。

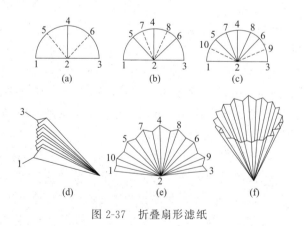

图 2-37　折叠扇形滤纸

保温过滤操作

先将圆形滤纸对折，再对折成 1/4 圆形，展开后得折痕 1—2、2—3 和 2—4。再以 1 对 4 折出 5、3 对 4 折出 6、1 对 6 折出 7、3 对 5 折出 8；以 3 对 6 折出 9、1 对 5 折出 10；然后在每两个折痕间向相反方向对折一次，展开后呈双层扇面形，拉开双层，在 1 和 3 处各向内折叠一个小折面，放入保温漏斗中即可使用。

注意，折叠时，折纹不要压至滤纸的中心处，以免多次压折造成磨损，保温过滤时容易破裂透滤。

② 组装保温过滤装置。按照铁架台、铁夹、保温漏斗、烧杯和酒精灯的先后顺序组装保温过滤装置。定好铁架台，固定铁夹，根据酒精灯的高度把保温漏斗固定于铁夹内，通过注水口向夹套中注 2/3 的热水，支管处放酒精灯，加热支管以维持过滤溶液的温度，保证热溶液通过时不降温，顺利过滤。保温漏斗下面放一个洁净的烧杯，用于接收滤液。保温过滤装置见图 2-28。

在保温过滤操作时，可分多次把溶液倒入漏斗中过滤。每次倒入不要太多，因为溶液在漏斗中停留时间长而容易析出晶体；也不要太少，因为溶液量少散热快，也容易析出晶体。没有过滤的溶液，应注意随时加热保持较高的温度，以便顺利过滤，最后应该用热水洗涤烧杯和滤纸，并过滤。

3. 使用循环水真空泵

① 准备工作。把循环水真空泵平放在工作台上，首次使用时，打开水箱上盖，加入清洁的自来水，当水面即将升至水箱后面的溢水嘴高度时，停止加水。重复开机使用时，可不再加水，保持水箱中的水质清洁和水位高度。

② 抽真空操作。把需要抽真空的设备用乳胶管紧密套接在循环水真空泵的抽气嘴上，关闭循环水开关，接通电源，启动电源开关，即可开始抽真空操作。通过与抽气嘴对应的真空表来观看真空度。

③ 当循环水真空泵长时间连续操作时，水箱内的水温升高，会影响真空度。此时，可把放水软管与自来水管接通，溢水嘴作排水出口，适当控制自来水流量，即可保持水箱内水温稳定，使真空度维持稳定。

④ 当需要为反应装置提供冷却循环水时，把需要冷却装置的进水、出水管分别接到循环水真空泵后面的循环水出水嘴、进水嘴上，转动循环水开关至"ON"位置，即可实现循环冷却水供应。

4. 减压过滤

① 组装减压过滤装置。按照循环水真空泵、抽滤瓶和布氏漏斗的先后顺序，用乳胶管把循环水真空泵的抽气嘴和抽滤瓶的出口紧密相连；在布氏漏斗中放入合适的圆形滤纸，并用待抽滤的溶液润湿；把布氏漏斗的斜口，面向抽滤瓶的出口插入抽滤瓶中，减压过滤装置组装完毕。如图 2-30 所示。

减压过滤操作

② 检查装置的密封性。减压过滤操作前，检查装置的密封性，主要部位有循环水真空泵抽气嘴、抽滤瓶的进出口及布氏漏斗与抽滤瓶相连的硅胶塞。

③ 减压过滤操作。连接循环水真空泵的电源和启动真空泵的开关，把烧杯中待抽滤的溶液缓慢地倒入布氏漏斗中。溶液全部倒完后，注意用合适的溶液洗涤烧杯，便于回收烧杯壁上残留的产品，也并入布氏漏斗中抽滤。如"重结晶提纯乙酰苯胺"，溶剂是水，溶液全

部倒完后要用洁净的水洗涤烧杯，以便回收烧杯壁上的残留产品。为了使结晶与母液尽可能地分离，溶液倒完后还要抽滤3～5min，并且用干净的玻璃塞挤压。

④ 收集产品。减压过滤完毕，先取下布氏漏斗，再关闭真空泵的开关，拔出循环水真空泵的电源插座，最后收集产品。如果产品是滤液，则先倒出并收集抽滤瓶中的母液，再用清水洗涤抽滤瓶，滤饼和滤纸收集于垃圾桶中。比如"制备阿司匹林"，用碳酸氢钠提纯阿司匹林时，收集的产品是母液；如果产品是滤饼，则先倒出抽滤瓶中的母液并用清水洗涤抽滤瓶，再用玻璃棒小心地收集产品于表面皿中，比如"重结晶提纯乙酰苯胺"，收集的产品是滤饼。注意母液不能直接倒入下水道，应统一回收于废液缸中。

四、注意事项

① 保温过滤时，保温漏斗中的水必须煮沸后才能过滤。

② 减压过滤时，必须先安装布氏漏斗再启动循环水真空泵；过滤完毕，必须先取下布氏漏斗才能关闭循环水真空泵。

③ 必须及时清理和洗涤玻璃仪器。

五、课后作业

练一练，测一测

1. 扫一扫

扫一扫二维码，测试"过滤"的学习效果。

2. 思考题

① 减压过滤操作时，过滤完毕为什么要先取下布氏漏斗，后关闭循环水真空泵？

② 在"制备乙酸异戊酯"实训中，如何使用循环水真空泵进行冷却？

③ 保温漏斗中的水为什么要煮沸后才能过滤？

④ 如何折叠扇形滤纸？

任务 7

普通蒸馏

【学习目标】

1. 知识目标
① 掌握普通蒸馏的基本原理。

② 了解普通蒸馏在有机化学中的应用

2. 技能目标
① 学会组装、拆卸和使用普通蒸馏装置。

② 学会用普通蒸馏装置测液体有机化合物的沸点。

③ 根据待蒸馏有机化合物的沸点，学会选择和使用不同的冷凝管及蒸馏装置。

3. 素养目标
① 树立规范操作意识。

② 树立团队合作意识。

一、任务准备

将液态物质加热至沸腾，使之汽化，然后将蒸气冷凝为液体，并收集到另一个容器中，这两个过程的联合操作叫作蒸馏。对于液态混合物，由于低沸点物质比高沸点物质容易汽化，在开始沸腾时，蒸气中主要含有低

蒸馏原理及装置

沸点组分，可以先蒸馏出来。随着低沸点组分的蒸出，混合液中高沸点组分的比例增大，致使混合物的温度也随之升高，当温度升至相对稳定时，再收集馏出液，即得到高沸点组分。这样沸点低的物质先蒸出，沸点高的物质随后蒸出，不挥发的物质留在容器中，从而达到分离和提纯有机化合物的目的。显然，通过蒸馏可以将易挥发和难挥发的物质分离开来，也可将沸点不同的物质进行分离。

普通蒸馏是在常压下进行的，又叫常压蒸馏。适用于分离沸点差＞30℃的液态混合物。纯净的液体物质，在蒸馏时温度基本恒定，沸程很小，所以通过普通蒸馏，还可测定液体物质的沸点或者检验其纯度。

常用的普通蒸馏装置有水冷凝普通蒸馏装置和空气冷凝普通蒸馏装置，如图2-38和图2-39所示。两种冷凝装置的区别是采用的冷凝管和冷却介质不同。水冷凝普通蒸馏装置采用直形冷凝管，以水作冷却介质；空气冷凝普通蒸馏装置采用空气冷凝管，以空气作冷却介质。水冷凝普通蒸馏装置适用于蒸馏沸点低于140℃的液体，如果是沸点高于140℃的液体，需要采用空气冷凝普通蒸馏装置进行蒸馏。两种普通蒸馏装置均包括汽化、冷凝和接收三

部分。

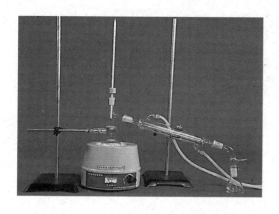 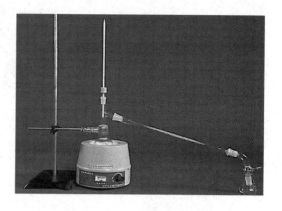

图 2-38　水冷凝普通蒸馏装置　　　　　　图 2-39　空气冷凝普通蒸馏装置

1. 汽化部分

汽化部分由圆底烧瓶、蒸馏头（或者用蒸馏烧瓶替代）和温度计组成。液体在圆底烧瓶（或者蒸馏烧瓶）中受热汽化，蒸气从圆底烧瓶（或者蒸馏烧瓶）的支管进入冷凝管中。

2. 冷凝部分

冷凝部分由冷凝管和乳胶管组成。受热汽化的蒸气进入直形冷凝管的内管，被外层套管中的冷水冷凝为液体，进入接收器。

当蒸馏液体的沸点高于140℃时，应该采用空气冷凝管作为冷凝器。空气冷凝管的冷却介质是空气，受热汽化的蒸气进入空气冷凝管，被管外的空气冷凝为液体，进入接收器。

3. 接收部分

接收部分由尾接管和接收器（常用圆底烧瓶或者锥形瓶）组成。冷凝的液体经尾接管收集到接收器中。如果蒸馏所得的物质为易燃或有毒物质时，应在尾接管的支管上接一根乳胶管，并通入下水道内或者引出室外，若沸点较低，还要将接收器放在冷水浴或冰-水浴中。

二、仪器设备与试剂

1. 仪器设备

铁架台、电热套、圆底烧瓶、蒸馏烧瓶、蒸馏头、温度计、直形冷凝管、空气冷凝管、锥形瓶、普通漏斗、烧杯。

2. 试剂及其他

乙醇、沸石。

三、任务实施

1. 组装普通蒸馏装置

普通蒸馏操作

以水为冷却介质，采用直形冷凝管的普通蒸馏装置为例。

普通蒸馏装置由铁架台、电热套、圆底烧瓶、蒸馏头、温度计、直形冷凝管、尾接管和接收器组成，如图 2-38 和图 2-39 所示。其中，圆底烧瓶和蒸馏头可由蒸馏烧瓶替代，如图 2-40 所示。

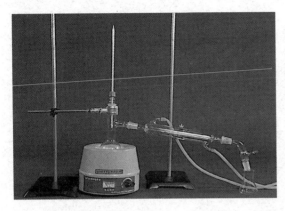

图 2-40　蒸馏烧瓶普通蒸馏装置

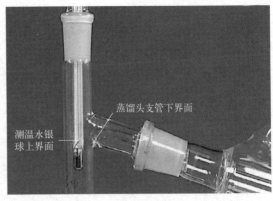

蒸馏头支管下界面

测温水银
球上界面

图 2-41　温度计的安装位置

组装普通蒸馏装置时，先定好热源，并以热源高度为基准，把圆底烧瓶放在电热套中，并用铁夹固定。再按由下而上、从左向右的顺序，依次组装蒸馏头、温度计、直形冷凝管、尾接管和接收器，最后，按照"下进上出"的规则用乳胶管接通冷却水。直形冷凝管的下端支口为进水口，通过乳胶管与水龙头接通，上端支口为出水口，应朝上组装，以便使冷凝管内充满冷水，保证冷却效果。出水经乳胶管导入下水道。

注意温度计的组装，应该使温度计的水银球或者酒精球液面的上界面与蒸馏头支管的下界面位于同一水平面，以便蒸馏时，水银球或者酒精球部分被蒸气完全包围，测得准确的温度数据，如图 2-41 所示。

整套装置中，各仪器的轴线都应该在同一平面内，铁架台、铁夹及乳胶管等应尽可能组装在仪器背面，以方便操作。

2. 普通蒸馏

检查装置的密封性后，按下列步骤进行蒸馏操作。

① 加入物料。把待蒸馏的液体通过长颈玻璃漏斗，由蒸馏头上口倾入圆底烧瓶中（注意：漏斗颈应该超过蒸馏头支管的下界面，以防液体由支管流入直形冷凝管中），加入几粒沸石（防止暴沸），装好温度计。

② 缓慢打开水龙头，接通冷却水。

③ 加热蒸馏。接通电源，调节电热套的电压进行加热。当圆底烧瓶内的液体开始沸腾时，其蒸气上升到温度计的水银或者酒精测温部位，温度计的读数会急剧上升，这时应适当调小加热电压，使蒸气包围测温球，保持气、液两相平衡。调节加热电压控制蒸馏速度，以每秒馏出 1~2 滴为宜。

④ 观测沸点。收集馏出液，记下第一滴馏出液滴入接收器时的温度。如果所蒸馏的液体中有低沸点的组分，则需要在蒸馏温度趋于稳定后，更换接收器来接收馏出液，记录该组分开始馏出第一滴和最后一滴时的温度，这就是该组分的沸程（也叫沸点范围）。纯液体的沸程一般在 1~2℃之内。

⑤ 停止蒸馏。维持原来的加热电压，当不再有馏出液蒸出时，温度会突然下降，这时应停止蒸馏。蒸馏结束时，应先关闭电热套的电源，停止加热；稍冷后关闭冷却水阀门，停止冷却；最后，再按照组装的相反顺序拆除蒸馏装置。

四、注意事项

① 温度计的安装应该使其测温水银球上界面与蒸馏头支管的下界面处于同一水平面。

② 按"下进上出"的原则接通冷却水。

③ 蒸馏时，调节电热套的电压应该使圆底烧瓶内的有机化合物刚好沸腾为宜。

五、课后作业

练一练，测一测

1. 扫一扫

扫一扫二维码，测试"普通蒸馏"的学习效果。

2. 思考题

① 组装普通蒸馏装置时，应该按什么样的顺序进行？

② 开始加热之前，为什么要先检查普通蒸馏装置的气密性？普通蒸馏装置如果没有与大气相通，可以吗？为什么？

③ 由蒸馏头的上口，向圆底烧瓶中加入待蒸馏有机化合物时，为什么要用长颈漏斗？直接倒入会有什么样的后果？

④ 沸石在蒸馏时起什么作用？

⑤ 为什么要控制蒸馏的速度？快了有什么影响？

⑥ 为什么可以通过普通蒸馏来测量液体有机化合物的沸点？什么叫沸程？

任务 8
水蒸气蒸馏

【学习目标】

1. **知识目标**
   ① 掌握水蒸气蒸馏原理。
   ② 了解水蒸气蒸馏在有机化学中的应用。

2. **技能目标**
   ① 学会组装、拆卸和使用水蒸气蒸馏装置。
   ② 学会水蒸气蒸馏的基本操作。

3. **素养目标**
   ① 树立规范操作意识。
   ② 树立安全环保意识。

一、任务准备

在不溶或难溶于水但具有一定挥发性的有机物中通入水蒸气，使有机物在低于100℃的温度下随水蒸气蒸馏出来，这种操作过程称为水蒸气蒸馏。它是分离和提纯具有一定挥发性的有机化合物最重要的方法之一。

1. 水蒸气蒸馏的原理及应用

当水与不溶于水的有机物混合时，其液面上的蒸气压等于各组分单独存在时的蒸气压之和，即 $p_{混合物} = p_水 + p_{有机物}$。当两者的饱和蒸气压之和等于外界大气压时，混合物开始沸腾，这时的温度为它们的沸点，此沸点比混合物中任何一种组分的沸点都低，因此，常压下应用水蒸气蒸馏，能在低于100℃的情况下将高沸点组分与水一起蒸出来。蒸馏时，混合物沸点

水蒸气蒸馏
原理与装置

保持不变，直到有机物全部随水蒸出，温度才会上升至水的沸点。比如，常压下苯胺的沸点为184.4℃，当用水蒸气蒸馏时，则苯胺水溶液的沸点为98.4℃，高沸点的苯胺在水蒸气蒸馏时，会在低于100℃的情况下全部蒸出。此时，苯胺的饱和蒸气压为5.60kPa（42mmHg），水的饱和蒸气压为95.72kPa（718mmHg），两者之和为101.32kPa（760mmHg），等于大气压。

水蒸气蒸馏是分离和提纯有机化合物最重要的方法之一，常用于下列情况。
① 有机化合物的沸点较高，常压下蒸馏时容易发生氧化，或者分解。
② 混合物中含有焦油状物质，用普通蒸馏或者萃取等方法难以分离。

③ 液体产物被混合物中大量的固体所吸附，或者要求除去挥发性杂质。

利用水蒸气蒸馏进行分离提纯的有机化合物必须不溶于水，也不与水发生化学反应，并且在 100℃ 左右具有一定蒸气压。

2. 水蒸气蒸馏装置

水蒸气蒸馏装置主要包括水蒸气发生器、蒸馏、冷凝及接收四部分，如图 2-42 所示。

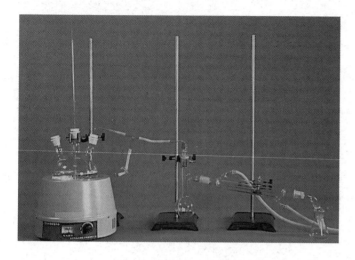

图 2-42　水蒸气蒸馏装置

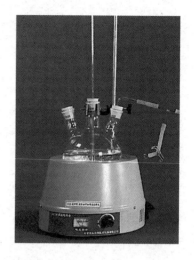

图 2-43　水蒸气发生器

① 水蒸气发生器。水蒸气发生器一般为金属制品，也可以用 1000mL 左右的烧瓶代替，如图 2-43 所示。加水量以不超过其容量的 2/3 为宜。在水蒸气发生器上口，插入一支长约 1m，直径约为 5mm 的玻璃管并使其接近底部，作安全管用。当水蒸气发生器内压力增大时，水就沿安全管上升，从而调节烧瓶内的压力。

水蒸气发生器的蒸气导出管通过"T"形管与伸入蒸馏部分的三口烧瓶（或者由蒸馏烧瓶替代）内的蒸气导入管连接，"T"形管的下管套有一根配有螺旋夹的短乳胶管，以随时排放在此冷凝下来的积水，还可以在系统内压力骤增时或者蒸馏结束后，释放蒸气，调节系统压力，防止倒吸。

② 蒸馏部分。如图 2-44 所示，蒸馏部分一般采用三口烧瓶（或者蒸馏烧瓶替代）。从中间口（或者上口），往三口烧瓶（或者蒸馏烧瓶）内装入待蒸馏的物料，并与水蒸气发生器的蒸气导入管相连；选择其中的一个侧口（或者蒸馏烧瓶的支管）与冷凝管相连；余下的一个侧口，用塞子塞上，或者插入温度计测量温度。

③ 冷凝部分。如图 2-45 所示，冷凝部分由直形冷凝管和乳胶管组成。受热汽化的蒸气进入直形冷凝管的内管，被外层套管中的冷水冷凝为液体，进入接收器。

④ 接收部分。如图 2-46 所示，接收部分由尾接管和接收器（常用圆底烧瓶或者锥形瓶）组成。冷凝的液体经尾接管收集到接收器中。如果蒸馏所得的物质为易燃或有毒物质时，应在尾接管的支管上接一根乳胶管，并通入下水道内或者引出室外，若有机物沸点较低，还要将接收器放在冷水浴或冰-水浴中。

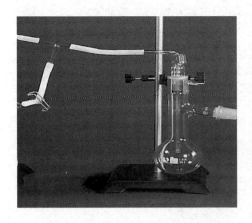

图 2-44　蒸馏部分

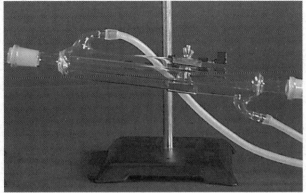

图 2-45　冷凝部分

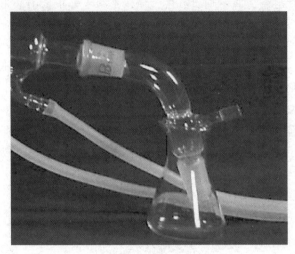

图 2-46　接收部分

二、仪器设备与试剂

1. 仪器设备

电热套、1000mL 三口烧瓶、250mL 蒸馏烧瓶、250mL 锥形瓶、直形冷凝管、蒸馏弯头、尾接管、100cm 长玻璃管、"T"形管、螺旋夹、铁架台。

2. 试剂及其他

八角茴香和沸石。

三、任务实施

1. 组装水蒸气蒸馏装置

先定好热源，再按照从左至右、从下至上的组装顺序组装水蒸气蒸馏装置。

① 定好电热套和铁架台，把 1000mL 左右烧瓶用铁夹固定在电热套内，并加入 650mL 左右的自来水和几粒沸石。

② 安装好长玻璃管和蒸气导出管。

③ 在"T"形管的左右两支管各连接一根短乳胶管，下支管连接一根带螺旋夹的短乳胶管。

④ 把"T"形管的左支管与水蒸气发生器的蒸气导出管相连，右支管与三口烧瓶（或者蒸馏烧瓶）的蒸气导入管相连。

⑤ 用铁架台固定三口烧瓶（或者蒸馏烧瓶）。

⑥ 安装直形冷凝管、尾接管和接收器。

⑦ 按照"下进上出"的原则接通冷却水。

2. 水蒸气蒸馏

① 加入物料。把待蒸馏的物料加入三口瓶（或者蒸馏烧瓶）中，物料量不能超过其容量的 1/3。

② 加热生产水蒸气。检查水蒸气蒸馏装置的密封性后，先接通冷却水，打开"T"形管的螺旋夹，接通电热套电源，调节加热电压，加热水蒸气发生器内的水，直至沸腾，水蒸气被导出。

③ 蒸馏。当"T"形管处有大量气体冲出时，立即旋紧螺旋夹，蒸气便进入三口烧瓶（或者蒸馏烧瓶）中。这时可以看到烧瓶中的混合物不断翻腾，表明水蒸气蒸馏开始进行。适当调节蒸气量，控制馏出速度 2～3 滴每秒。

④ 停止蒸馏。当馏出液无油珠并澄清透明时，应停止蒸馏，先打开螺旋夹，解除系统压力；然后关闭电热套电源，停止加热；稍冷后，再关闭水龙头，停通冷却水。

⑤ 拆除水蒸气蒸馏装置。按组装的相反顺序，小心拆除水蒸气蒸馏装置，清洗仪器，整理操作台面，装置恢复原状。

四、注意事项

① 用烧瓶作水蒸气发生器时，不要忘记加沸石。

② 蒸馏过程中，若发现有过多的蒸气在三口烧瓶（或者蒸馏烧瓶）内冷凝，可减少加热量。以防止三口烧瓶（或者蒸馏烧瓶）内的液体量过多而冲出烧瓶进入冷凝管中。

③ 随时观察安全管内水位是否正常，三口烧瓶内是否有液体倒吸现象。一旦有类似情况发生，立即打开螺旋夹，停止加热，查找原因。排除故障后，才能继续蒸馏。

五、课后作业

1. 扫一扫

扫一扫二维码，测试"水蒸气蒸馏"的学习效果。

练一练，测一测

2. 思考题

① 进行水蒸气蒸馏前，为什么要先打开"T"形管？

② 进行水蒸气蒸馏时，水蒸气导管的末端为什么要接近三口烧瓶（或者蒸馏烧瓶）的底部？

③ 水蒸气发生器为什么使用长 1m 的玻璃管？

④ 可以用圆底烧瓶替代蒸馏烧瓶吗？

任务 9
减压蒸馏

【学习目标】

1. **知识目标**
   ① 掌握减压蒸馏的工作原理。
   ② 了解减压蒸馏在有机化学中的应用和意义。

2. **技能目标**
   ① 学会组装、拆卸和使用减压蒸馏装置。
   ② 熟练使用循环水真空泵。
   ③ 学会减压蒸馏操作。

3. **素养目标**
   ① 树立规范操作意识。
   ② 树立安全环保意识。

一、任务准备

液体有机化合物的沸点与外界的压力有关，而且是随外界压力的降低而降低的。利用这一原理，用一台真空泵（水泵或者油泵）与蒸馏装置相连接成为一个封闭的系统，使系统内的压力降低，这样就可以使有机化合物在较低温度下被蒸馏出来。这种在较低压力下进行的蒸馏叫作减压蒸馏（又称真空蒸馏）。它是分离和提纯液体或者低熔点固体有机化合物的一种重要方法。

减压蒸馏
原理与装置

一般情况下，高沸点的有机化合物，比如沸点为 250～300℃，当外界压力降至 3.33kPa（25mmHg）时，它的沸点可下降 100～125℃；在 1.33～3.33kPa（10～25mmHg）范围内，压力每降低 0.133kPa（1mmHg），则沸点降低约 1℃。减压蒸馏时有机化合物在一定压力下的沸点可以从化工手册或者文献中查找。也可以从如图 2-47 所示的压力-温度经验关系图中查找。比如：已知有机化合物在常压（101.33kPa，760mmHg）下的沸点为 200℃，要找出减压至 2.63kPa（20mmHg）时的沸点。可以这样查找，先在 B 线上找到 200℃ 的点，把这一点与压力线 C 上 20mmHg 的点连成直线，并将直线反向延长到 A 线，与 A 线的交点，即交点 90℃ 温度就是该有机化合物在压力为 2.63kPa（20mmHg）时的沸点。

因此，减压蒸馏特别适用于分离和提纯沸点较高，稳定性较差，在常压下蒸馏容易发生氧化、分解或者聚合的有机化合物。

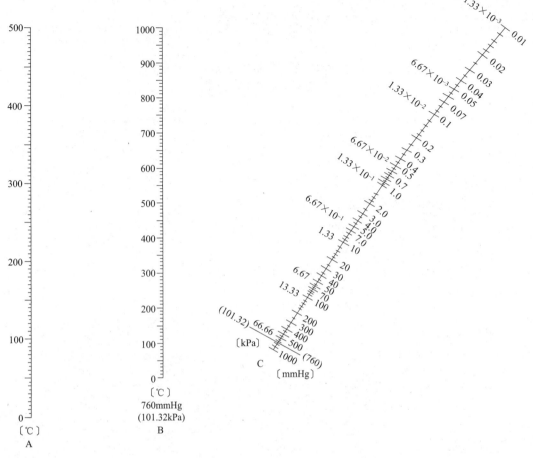

图 2-47　压力-温度经验关系图

减压蒸馏装置由汽化、冷凝、接收和真空四部分组成，如图 2-48 所示。

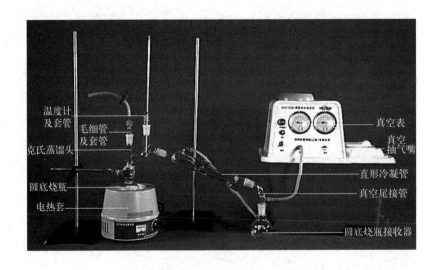

图 2-48　减压蒸馏装置

1. 汽化部分

如图 2-49 所示，汽化部分与普通蒸馏装置相似，所不同的是需要使用克氏蒸馏头。将一根末端拉成毛细管的厚壁玻璃管，由克氏蒸馏头的直管口插入圆底烧瓶中，毛细管末端距圆底烧瓶底部 1～2mm。玻璃管的上端套上一段配有螺旋夹的乳胶管，用来调节空气进入量，在液体中形成沸腾中心，防止暴沸，使蒸馏汽化能够平稳进行。温度计安装在克氏蒸馏头的另一支管中，其安装位置要求与普通蒸馏相同。

2. 冷凝部分

冷凝部分通常为直形冷凝管。蒸汽进入直形冷凝管的内管时，被外层套管中的冷水冷凝为液体，流入接收器。当所蒸馏液体的沸点高于 140℃ 时，就应该改为空气冷凝管。

3. 接收部分

接收部分由真空尾接管和接收器（通常由圆底烧瓶和锥形瓶）组成。在冷凝管中被冷凝的液体经真空尾接管收集在接收器中。

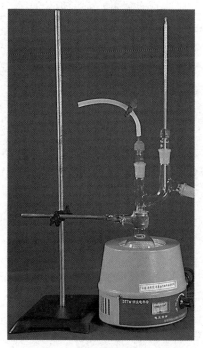

图 2-49　汽化部分

4. 真空部分

真空部分由循环水真空泵组成。循环水真空泵对蒸馏体系进行减压，同时通过真空表监控蒸馏体系的真空度。

二、仪器设备与试剂

1. 仪器设备

圆底烧瓶、克氏蒸馏头、螺旋夹、毛细管、温度计、直形冷凝管、真空尾接管、循环水真空泵等。

2. 试剂及其他

工业乙二醇、甘油和沸石。

三、任务实施

1. 组装减压蒸馏装置

先定好热源，再按照从左至右、从下至上的安装顺序组装减压蒸馏装置。

① 定好电热套和铁架台位置。

② 把圆底烧瓶用铁夹固定在电热套内，安装克氏蒸馏头、毛细管和温度计。

③ 连接直形冷凝管并用铁架台固定。

④ 用真空尾接管连接直形冷凝管和圆底烧瓶。

⑤ 用乳胶管把真空尾接管的支管和循环水真空泵的真空抽气嘴相连，按"下进上出"的原则接通冷却水。

2. 减压蒸馏

减压蒸馏操作

① 检查装置。蒸馏前，首先检查装置的密封性。先旋紧毛细管上的螺旋夹，启动循环水真空泵，观察能否达到要求的真空度。如果达不到需要的真空度，应检查装置各连接部位是否漏气，必要时可在塞子、胶管等连接处进行蜡封。如果超过所需的真空度，可小心旋松毛细管上的螺旋夹，缓慢引入少量空气，调节真空度。当确认系统压力符合要求后，慢慢旋松毛细管上的螺旋夹，解除系统真空度，直到内、外压力平衡，再关闭循环水真空泵电源。

② 加入物料。把需要蒸馏的液体有机化合物加入圆底烧瓶中（注意：加入量不能超过圆底烧瓶容量的1/2）。启动循环水真空泵，通过毛细管上的螺旋夹调节空气进入量，以使圆底烧瓶内液体有机化合物能冒出一连串小气泡为宜。

③ 加热蒸馏。当系统内压力符合要求并稳定后，接通冷却水，加热蒸馏。液体沸腾后，调节加热电压，控制馏出液的速度为1~2滴每秒，记录第一滴馏出液滴入接收器及蒸馏结束时的温度和压力。

④ 停止蒸馏。蒸馏完毕，先关闭电热套电源开关，慢慢松开毛细管上的螺旋夹，使真空表的读数缓慢恢复原状，待装置内、外压力平衡后，关闭循环水真空泵电源，停通冷却水，结束蒸馏。

⑤ 拆除减压蒸馏装置。按照组装的相反顺序，小心拆除减压蒸馏装置，清洗仪器，整理操作台面，恢复原状。

四、注意事项

① 重新加热前，先检查毛细管是否畅通，若发生堵塞，需更换毛细管。
② 不要蒸干，以免引起爆炸。
③ 减压蒸馏操作中，必须严格控制蒸馏速度。
④ 停止蒸馏时，要缓慢松开毛细管上的螺旋夹。

五、课后作业

1. 扫一扫

扫一扫二维码，测试"减压蒸馏"的学习效果。

练一练，测一测

2. 思考题

① 减压蒸馏适用于分离和提纯哪些物质？
② 如果减压蒸馏装置的密封性达不到要求，应该采取什么措施？
③ 固体有机化合物能否进行减压蒸馏？
④ 减压蒸馏时，为什么必须先抽气后加热？蒸馏结束时，为什么必须先停止加热，撤去热源，然后再停止抽气？顺序可否颠倒？为什么？

任务 10
简单分馏

【学习目标】

1. 知识目标
① 掌握简单分馏原理。
② 了解简单分馏在有机化学中的应用和意义。

2. 技能目标
① 学会简单分馏装置的组装、拆卸和使用。
② 学会简单分馏的基本操作。

3. 素养目标
① 树立规范操作意识。
② 树立安全环保意识。

一、任务准备

简单分馏就是利用分馏柱使液体混合物多次汽化、多次冷凝，实现多次蒸馏的过程。对于沸点差大于30℃的液体混合物的分离，采用普通蒸馏即可。而对于沸点差小于30℃的液体混合物的分离，通常采用分馏的方法。比如在"制备乙酰苯胺"实训中，为了分离反应生成的水，使反应顺利进行，我们采用了简单分馏装置来进行分离。在该反应体系中，水的沸点是100℃，冰醋酸的沸点是117.9℃，两者都属于易挥发性物质，加热后都容易汽化，两者的沸点差也只有17.9℃，用普通蒸馏的方法分离，效果不好，而且冰醋酸属于反应原料，不能蒸馏出去，所以使用了简单分馏的方法来分离。

1. 分馏的原理及意义

实验室中，简单分馏是在分馏柱中进行的。液体混合物受热汽化后，进入分馏柱，在上升过程中，由于受到分馏柱外的空气冷却，蒸气中的高沸点组分被不断冷凝流回，使继续上升的蒸气中低沸点组分的相对含量不断增加。同时冷凝液在回流的过程中，又与上升的蒸气相遇，二者进行热

简单分馏及装置

量交换，使上升蒸气中的高沸点组分又被冷凝，而低沸点组分则继续上升。这样，在分馏柱内，反复进行着多次汽化、多次冷凝和多次回流的循环过程，相当于多次蒸馏。使最终上升到分馏柱顶部的蒸气接近于纯的低沸点组分，而流回分馏容器中的液体则接近于纯的高沸点组分，从而达到分离目的。

分馏是分离和提纯沸点接近的液体混合物的重要方法。工业上采用的分馏设备，称为精

馏塔。目前，有些精馏塔可以将沸点相差仅 1～2℃ 的液体混合物较好地分离出来。

2. 简单分馏装置

简单分馏装置比普通蒸馏装置多一支分馏柱，如图 2-50 所示。根据分馏冷却需要，有些可以不安装直形冷凝管，有些则需要安装直形冷凝管，如图 2-51 所示。分馏柱组装于圆底烧瓶与蒸馏头之间。分馏柱的种类很多。实验室常用的分馏柱有填充式分馏柱和刺形分馏柱。填充式分馏柱内装有玻璃球、玻璃管或者陶瓷等，可以增加表面积，分馏效果好，适用于分离沸点相差很小的液体混合物。刺形分馏柱（又称韦氏分馏柱）结构简单、黏附液体少，分馏效果不如填充式分馏柱，仅适用于分离物料量较少，并且沸点差比较大的液体混合物。

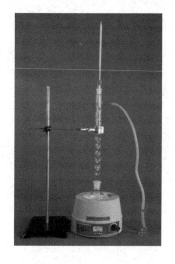

图 2-50　简单分馏装置

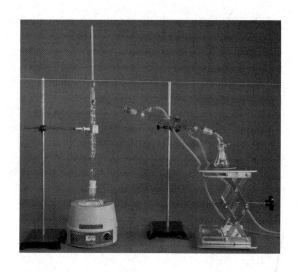

图 2-51　简单分馏装置（安装直形冷凝管）

二、仪器设备与试剂

1. 仪器设备

铁架台、电热套、圆底烧瓶、分馏柱、温度计、直形冷凝管、锥形瓶、普通漏斗、尾接管、升降台等。

2. 试剂

苯胺、冰醋酸、锌粉等。

三、任务实施

1. 组装简单分馏装置

简单分馏装置的组装方法及要求与普通蒸馏装置基本相同。以"制备乙酰苯胺"实训的反应装置为例。

① 先定好电热套和铁架台。

② 把圆底烧瓶用铁夹固定在电热套内，安装刺形分馏柱和温度计。

③ 用乳胶管连接刺形分馏柱的支管和接收器（常用锥形瓶或者圆底烧瓶）。

2. 简单分馏

① 加入物料。简单分馏操作步骤与普通蒸馏大致相同，在圆底烧瓶中加入待分离的液体混合物和沸石，也可以用石棉绳或者玻璃布等保温材料包扎分馏柱体，以减少柱内热量散失，保持适宜的温度梯次，提高分馏效率。

② 接通电源，加热分馏。接通电热套电源，调节电压，缓慢升温，使蒸汽在 $10 \sim 15min$ 后到达分馏柱顶。调节加热电压控制分馏速度，以馏出液 $2 \sim 3$ 滴每秒为宜。

③ 分段分馏。待温度骤然下降时，说明低沸点组分已分馏完毕。此时，可更换接收器，继续升温，按要求接收不同沸点范围的馏分。

④ 停止分馏。分馏结束后，关闭电热套的电源，停止分馏。

⑤ 拆除分馏装置。按照组装的相反顺序，拆除分馏装置，清洗仪器，整理操作台面，恢复原状。

四、注意事项

① 添加物料时，其量应不超过圆底烧瓶容量的 50%。

② 选择合适的回流比，否则达不到分馏要求。

③ 不能从分馏柱上口添加物料。

④ 分馏操作前阶段，分馏柱顶的温度没有变化属于正常，因为蒸汽没有上升。

五、课后作业

1. 扫一扫

扫一扫二维码，测试"简单分馏"的学习效果。

练一练，测一测

2. 思考题

① 如果加热太快，馏出液速度超过一般要求，用简单分馏的方法分离效果会显著下降，为什么？

② 在简单分馏装置中分馏柱为什么要尽可能垂直？

③ 普通蒸馏和分馏的原理是什么？它们在装置、操作上有何不同？

任务 11

回　　流

【学习目标】

1. **知识目标**
   ① 掌握回流的机理。
   ② 了解回流装置在有机合成中的应用。

2. **技能目标**
   ① 学会普通回流装置的组装、拆卸和使用。
   ② 学会带有气体吸收装置的回流装置的组装、拆卸和使用。
   ③ 学会带有分水器的回流装置的组装、拆卸和使用。
   ④ 学会带有干燥管的回流装置的组装、拆卸和使用。
   ⑤ 学会带搅拌、测温和滴加液体反应原料装置的回流装置的组装、拆卸和使用。
   ⑥ 学会普通回流装置、带有气体吸收的回流装置等五种回流装置的基本操作。

3. **素养目标**
   ① 具备规范操作理念。
   ② 具备安全环保生产理念。

一、任务准备

　　有机化合物的制备，往往需要在溶剂中进行长时间的加热。为了防止在加热时反应物、产物或者溶剂的蒸发逸散，避免易燃、易爆或者有毒物造成事故与污染，并确保产物收率，可以在反应器的上方垂直地组装一支冷凝管。反应过程中产生的蒸气经过冷凝管时被冷凝，又流回到原反应器中，像这样连续不断地沸腾汽化与冷凝回流的过程叫作回流，这种装置就是回流装置。

　　回流装置主要由反应容器和冷凝管组成。反应容器可根据反应的具体需要，选用适当规格的锥形瓶、圆底烧瓶、三口烧瓶等。冷凝管的选择要依据反应混合物沸点的高低。一般多采用球形冷凝管，其冷却面积较大，冷凝效果较好。当被加热的液体沸点高于 140℃ 时，其蒸气温度较高，容易使水冷凝管的内外管连接处因温差过大而发生炸裂，此时应改用空气冷凝管。若被加热的液体沸点很低或者其中有毒性较大的有机化合物时，则可选用蛇形冷凝管，以提高冷却效率。

　　实验实训时，还可以根据反应的需要，在反应容器的上方装配其他仪器，以构成不同类型的回流装置。有机化学实验实训中，常用的回流装置有：普通回流装置、带有气体吸收装置的回流装置、带有干燥管的回流装置、带有分水器的回流装置，以及带有搅拌、测温及滴加液体反应物装置的回流装置。

1. 普通回流装置

普通回流装置是最简单、最常用的回流装置，由铁架台、电热套、圆底烧瓶、球形冷凝管等组成，如图 2-52 所示，适用于一般的回流操作，如"制备阿司匹林"实训的反应装置。

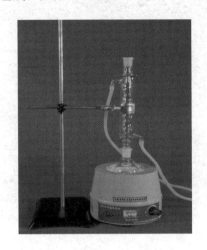

图 2-52　普通回流装置

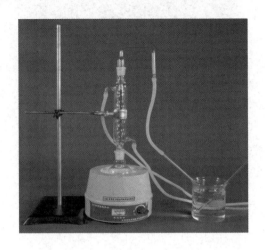

图 2-53　带有气体吸收装置的回流装置

2. 带有气体吸收装置的回流装置

带有气体吸收装置的回流装置，由铁架台、电热套、圆底烧瓶、球形冷凝管、气体导管、漏斗等组成，如图 2-53 所示。与普通回流装置不同的是多了一个气体吸收装置，把一根导气管通过门形弯管与球形冷凝管的上口相连，由导气管导出的气体通过接近水面的漏斗口（或导管口）进入吸收液中。该装置适用于反应时有水溶性气体，特别是有害气体（如氯化氢、溴化氢、二氧化硫等）产生的实验实训，如"制备 1-溴丁烷"实训的反应装置，就是采用带有气体吸收的回流装置。

3. 带有干燥管的回流装置

带有干燥管的回流装置，由铁架台、电热套、圆底烧瓶、球形冷凝管、干燥管等组成，如图 2-54 所示。与普通回流装置不同的是在球形冷凝管的上端装配有干燥管，以防止空气中的水汽进入反应体系。为防止体系被封闭，干燥管内不要填装粉末干燥剂，可在管底塞上脱脂棉或者玻璃棉，然后填装颗粒或块状干燥剂，如无水氯化钙等，干燥剂和脱脂棉或者玻璃棉都不能装（或塞）得太实，以免堵塞通道，使整个装置成为封闭体系而造成安全事故。带有干燥管的回流装置不适用于因水汽的存在而影响反应正常进行的实验实训，如利用格氏反应来制备有机化合物的实验实训。

4. 带有分水器的回流装置

带有分水器的回流装置，由铁架台、电热套、圆底烧瓶、分水器、球形冷凝管等组成，如图 2-55 所示，它是在反应容器和冷凝管之间安装一个分水器。

带有分水器的回流装置常适用于可逆反应体系，如"制备乙酸异戊酯"。当反应开始后，反应物和产物的蒸气与水蒸气一起上升，经过球形冷凝管被冷凝后回流到分水器中，静置后分层，上层产物与蒸出少量的反应物等有机物由支管流回圆底烧瓶。而水在下层，通过分水器排放，从反应体系中分离。由于反应过程中不断除去了生成物水，因此使平衡向增加反应物的方向移动。

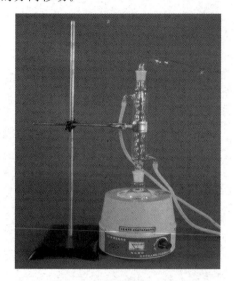

图 2-54　带有干燥管的回流装置

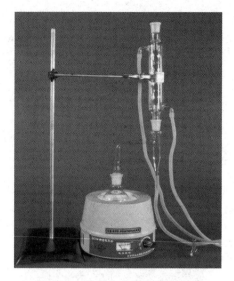

图 2-55　带有分水器的回流装置

使用带有分水器的回流装置在制备有机化合物时，可以在出水量达到理论值后停止反应回流。

5. 带有搅拌、测温及滴加液体反应物装置的回流装置

当反应是在非均相溶液中进行或者将一种反应物逐滴加入反应器时，需要搅拌，以便使反应物充分接触，受热均匀，从而使反应顺利进行，达到缩短反应时间和提高产率的目的。

带有搅拌、测温及滴加液体反应物装置的回流装置由铁架台、搅拌器、电热套、三口烧瓶、温度计、恒压滴液漏斗、球形冷凝管等组成，如图 2-56 所示。

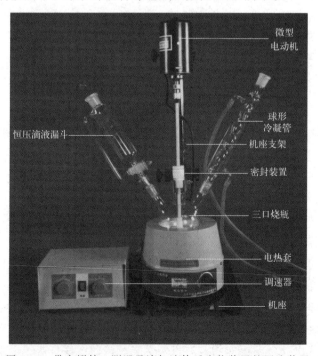

图 2-56　带有搅拌、测温及滴加液体反应物装置的回流装置

电动搅拌器由带支柱的机座、微型电动机、调速器和密封装置四部分组成，机座除了支撑电动搅拌器外，还要固定三口烧瓶；微型电动机的主轴配有搅拌器轧头，通过轧头把搅拌棒扎牢，用于反应搅拌；调速器用于调整搅拌速度；密封装置常用聚四氟乙烯密封，用于防止反应物、有毒有害气体逸出。

二、仪器设备与试剂

1. 仪器设备

铁架台、电热套、圆底烧瓶、球形冷凝管、分水器、门形弯管、普通漏斗、烧杯、干燥管、恒压滴液漏斗、电动搅拌装置等。

2. 试剂

自来水。

三、任务实施

1. 使用普通回流装置

① 组装普通回流装置。定好热源，调整铁架台的位置和铁夹高度，组装好圆底烧瓶和球形冷凝管，最后按照"下进上出"的规则接通冷却水。

② 拆除普通回流装置。按照组装的相反顺序，拆除普通回流装置，清洗仪器，恢复原状。

普通回流装置

2. 使用带有气体吸收装置的回流装置

① 组装带有气体吸收装置的回流装置。定好热源，调整铁架台的位置和铁夹高度，组装好圆底烧瓶、球形冷凝管、门形弯管，用乳胶管连接门形弯管和普通漏斗，并把普通漏斗口置于装有气体吸收液的烧杯中，注意普通漏斗口不能完全浸入吸收液中。最后按照"下进上出"的规则接通冷却水。

② 拆除带有气体吸收装置的回流装置。按照组装的相反顺序，拆除带有气体吸收装置的回流装置，清洗仪器，恢复原状。

带有气体吸收的回流装置

3. 使用带有干燥管的回流装置

① 组装带有干燥管的回流装置。定好热源，调整铁架台的位置和铁夹高度，组装好圆底烧瓶、球形冷凝管、干燥管，在干燥管内填装干燥剂，最后按照"下进上出"的规则接通冷却水。

② 拆除带有干燥管的回流装置。按照组装的相反顺序，拆除带有干燥管的回流装置，清洗仪器，恢复原状。

带有干燥管的回流装置

4. 使用带有分水器的回流装置

① 组装带有分水器的回流装置。定好热源，调整铁架台的位置和铁夹高度，组装好圆底烧瓶、分水器、球形冷凝管，最后按照"下进上出"的规则接通冷却水。

② 拆除带有分水器的回流装置。按照组装的相反顺序，拆除带有分水器的回流装置，清洗仪器，恢复原状。

带有分水器的回流装置

5. 使用带有搅拌、测温及滴加液体反应物装置的回流装置

① 组装带有搅拌、测温及滴加液体反应物装置的回流装置

带有搅拌、测温及滴加液体反应物的回流装置

a. 固定电动搅拌器。把电动搅拌器移到合适位置，调整铁夹位置，升高微型电动机，并使电动机面向操作者。

b. 固定电源。把电热套置于微型电动机的下方。

c. 组装其他仪器。把三口烧瓶垂直放于电热套中，用铁夹夹紧三口烧瓶的中间口，固定在搅拌器的支柱上，调整三口烧瓶的位置，使装置垂直。把搅拌棒装入密封装置中，用轧头把搅拌棒扎牢，并安装在三口瓶的中间口中。用手转动搅拌棒，应无内外玻璃互相碰撞声。然后低速开动搅拌器，试验运转情况。当搅拌器和玻璃管、瓶底间没有摩擦的声音时，方可认为仪器安装合格，否则需要重新调整。再在三口烧瓶的另外两个口中分别安装球形冷凝管和恒压滴液漏斗。球形冷凝管和恒压滴液漏斗需要用铁夹固定在铁架台上。按照"下进上出"的规则接通冷却水。再次开动搅拌器，如果运转正常，才能投入物料进行实验。

② 拆除带有搅拌、测温及滴加液体反应物装置的回流装置。按照组装的相反顺序，拆除带有搅拌、测温及滴加液体反应物装置的回流装置，清洗仪器，恢复原状。

四、注意事项

① 组装带有气体吸收装置的回流装置时，普通漏斗口不能完全浸没于吸收液中。

② 组装带有分水器的回流装置时，分水器中应事先装入低于支管 1cm 左右的水。

③ 组装带有干燥管的回流装置时，干燥管应事先装入干燥剂，并且不能阻塞通道。

④ 组装带有搅拌、测温和滴加液体反应物料装置的回流装置时，密封装置的安装一定要严密。

⑤ 由于使用的玻璃特别多，组装和拆卸各种回流装置时，一定要轻拿轻放，小心操作。

五、课后作业

1. 扫一扫

扫一扫二维码，测试"回流"的学习效果。

练一练，测一测

2. 思考题

① 普通回流装置与带气体吸收装置的回流装置有什么区别？

② 带搅拌、测温和滴加液体反应物料装置的回流装置主要应用于哪些反应合成？

③ 在"制备乙酰苯胺"实训中，反应合成时，需要分离反应生成的水，可以用带分水器的回流装置吗？

模块 3

基础实验

任务 1
重结晶提纯乙酰苯胺

【学习目标】

1. **知识目标**
   ① 掌握重结晶提纯固体有机物的原理。
   ② 掌握重结晶操作在有机化学中的应用及意义。
2. **技能目标**
   ① 学会溶解、加热、保温过滤和减压过滤等基本操作。
   ② 熟练使用循环水真空泵和保温漏斗。
3. **素养目标**
   ① 具备规范操作和安全环保理念。
   ② 树立团结协作、认真负责的生产意识。

一、任务准备

1. 重结晶定义

把固体有机物溶解在热的溶剂中，制成饱和溶液，再把溶液冷却、重新析出晶体的过程叫作重结晶，它是提纯固体有机化合物最常用的一种方法。

重结晶定义
与原理

2. 重结晶操作原理

重结晶操作原理就是利用被提纯物质与杂质在同一溶剂中的溶解度的不同而将它们分离，大多数的有机物在溶剂中的溶解度随温度的升高而增大，随温度的降低而减小。

重结晶提纯乙酰苯胺就是利用乙酰苯胺在水中的溶解度随温度变化差异比较大的特点来进行操作的。先把粗乙酰苯胺溶解在沸水中，然后再加活性炭脱色；最后经过减压过滤得到比较纯净的乙酰苯胺晶体，从而达到提纯的目的。那么，添加的活性炭、其他有机物等杂质是如何被除去的呢？杂质可分为三种：活性炭、不溶性杂质和可溶性杂质。活性炭与不溶性杂质则在热过滤中被除去，可溶性杂质则在乙酰苯胺冷却析出晶体后，留在母液中。

二、仪器设备与试剂

1. 仪器设备

100mL烧杯、250mL烧杯、电热套、酒精灯、铁架台、保温漏斗、普通漏斗、循环水真空泵、抽滤瓶、布氏漏斗、台秤等。

重结晶的
仪器与试剂

2. 试剂及其他

粗乙酰苯胺、活性炭。

三、任务实施

重结晶提纯乙酰苯胺分为六个步骤：热溶解、脱色、热过滤、冷却结晶、减压过滤和干燥。

1. 热溶解

重结晶的操作

用托盘天平称取 4g 粗乙酰苯胺，放在 250mL 烧杯中，加入 60mL 水，用电热套加热至沸腾。加热过程中，用玻璃棒不断搅拌，让乙酰苯胺完全溶解，如果不能溶解完全，可以适当补加水，让其溶解完全。

2. 脱色

把溶解的乙酰苯胺溶液撤出热源，为防止暴沸，先加入 5mL 冷水，再根据粗乙酰苯胺所含杂质的多少加入活性炭（颜色深，杂质多，多加活性炭；颜色浅，杂质少，少加活性炭），稍加搅拌后，继续煮沸 2min。

3. 热过滤

① 折叠滤纸。热过滤时，为了充分利用滤纸的有效面积，加快过滤速度，通常使用扇形滤纸，其折叠方法见图 2-37。

② 组装热过滤装置。如图 3-1 所示，把保温漏斗固定在铁架台上，往夹套中注入 2/3 容量的热水，并用酒精灯加热支管，用洁净的 100mL 小烧杯接收滤液。

③ 热过滤。把折叠好的扇形滤纸放入保温漏斗中，当夹套中的水沸腾时，迅速、多次把溶解的乙酰苯胺溶液倾入保温漏斗中过滤，待所有的溶液过滤完后，用少量的热水洗涤 250mL 烧杯和滤纸。

注意，热过滤时，要随时保温溶解的乙酰苯胺溶液。

4. 冷却结晶

把滤液放在操作台上，让其在室温下自然冷却、结晶。如果室温较高可用冰-水浴冷却，以使晶体完全析出。

5. 减压过滤

如图 3-2 所示，先把圆形滤纸装入布氏漏斗中，并用水湿润，再把布氏漏斗插入抽滤瓶中，注意布氏漏斗的斜口应该面向抽滤瓶的出口，用乳胶管连接抽滤瓶和循环水真空泵的抽滤嘴，接通电源。待乙酰苯胺晶体析出完全后，启动循环水真空泵，把滤液和晶体一起倒入布氏漏斗中进行减压过滤，如果烧杯壁上残留乙酰苯胺晶体，可用冷水洗涤后收集、减压过滤。减压过滤完毕，取出布氏漏斗，关闭循环水真空泵，倒出抽滤瓶中的滤液。

6. 干燥

用干燥的玻璃棒把乙酰苯胺晶体拨松，并收集于滤纸或者表面皿中，用烘箱或者让其自然干燥后，即可得到精制的乙酰苯胺产品，用过的圆形滤纸收集放入垃圾箱中。称重，计算收率。

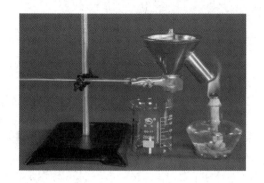

图 3-1　热过滤装置

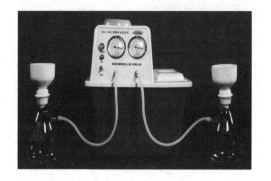

图 3-2　减压过滤装置

四、注意事项

① 热过滤时夹套中的水必须要煮沸腾。

② 为避免浪费，活性炭不能加得太多。

③ 为节约时间，热过滤装置的安装与加热溶解可同时进行。

五、课后作业

1. 扫一扫

扫一扫二维码，测试"重结晶提纯乙酰苯胺"的学习效果。

练一练，测一测

2. 思考题

① 为什么可以用水作溶剂对乙酰苯胺进行重结晶提纯？

② 重结晶时，为什么要加入稍过量的溶剂？

③ 热过滤时，如果保温漏斗夹套中的水没有沸腾，会有什么后果？

④ 如果布氏漏斗中的滤纸裁剪不当，对实验会有什么影响？

⑤ 减压过滤时，如果不停止抽气就进行洗涤可以吗？为什么？

任务 2
测定乙酰苯胺的熔点

【学习目标】

1. **知识目标**
   ① 掌握用提勒管测定熔点的原理。
   ② 了解测定熔点在有机化学中的应用及意义。

2. **技能目标**
   ① 学会组装、拆卸和使用测定熔点的装置。
   ② 学会测定熔点的操作技术。

3. **素养目标**
   ① 具备规范操作和安全环保的理念。
   ② 科学、客观、认真观察和记录实验数据。

一、任务准备

物质从开始熔化到完全熔化的温度范围叫作熔程。纯的有机化合物一般都有固定的熔点，熔程很小，仅为 0.5～1℃。如果含有杂质，熔点就会降低，熔程也将显著增大，大多数有机化合物的熔点都在 400℃ 以下，比较容易测定。因此，可以通过测定熔点来鉴别有机化合物和检验物质的纯度。还可以通过测定纯度较高的有机化合物的熔点来进行温度计的校正。在鉴定未知物时，如果测得其熔点与某已知物的熔点相同，并不能就此完全确认它们为同一化合物。因为有些不同的有机化合物却具有相同或相近的熔点，如尿素熔点 132.7℃，肉桂酸的熔点为 133℃，它们的熔点非常相近。这时，可将二者混合，测量该混合物的熔点，如果熔点不变，则可判定为同一物质，否则，便是不同的物质。

熔点的测定是将固体样品装在毛细管中，通过油浴加热进行的。常用的熔点测定方法有双浴式熔点测定法和提勒管式熔点测定法。我们学习提勒管式熔点测定法，也就是在提勒管内装入浴液，液面高度以刚刚超过上支管 1cm 为宜，加热部位为支管弯曲处，便于浴液在管内较好地对流循环。装有毛细管的温度计通过侧面开口塞，组装在提勒管支管两接口之间。

熔点的定义
及测定方法

二、仪器设备与试剂

熔点测定的仪器与药品

1. 仪器设备

铁架台、B型管、温度计、毛细管、酒精灯、玻璃管、表面皿等。

2. 试剂

甘油、乙酰苯胺。

三、任务实施

熔点测定的操作

1. 填装样品

取少量乙酰苯胺样品放在洁净而干燥的表面皿中，研成粉末并聚成小堆。

取一支毛细管，把一端放在酒精灯火焰上熔融至封口，然后把毛细管的开口端向乙酰苯胺样品粉末堆中插2～3次，样品就会进入毛细管中，控制样品的高度在2～3mm。取一支长玻璃管，垂直竖立在干净的台面，将毛细管开口端朝上，封口端朝下，由玻璃管上口投入，使其自由落下，样品就会填充至封口端，这样反复几次，样品就被紧密结实地填装在毛细管底部（注意样品一定要填充紧密，如果没有填充紧密，则继续在玻璃管内做自由落体操作）。

2. 组装装置

将提勒管固定在铁架台上，装入甘油（浴液），高度以高出支管1cm为宜。将毛细管用橡皮筋捆绑到温度计上，毛细管内的样品应该与温度计的水银球或者酒精测温球部位平行，并组装到提勒管内。注意温度计的刻度值应置于塞子开口侧，并面向操作者。为了便于观察和读取数据，毛细管应该附在温度计的侧面，而不是正面或者反面。浴液高度、毛细管中的样品和温度计测温球的位置，如图3-3所示。

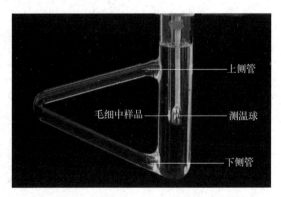

上侧管

毛细中样品 —— 测温球

下侧管

图 3-3　浴液高度、毛细管中的样品和温度计测温球的位置

3. 测熔点

点燃酒精灯，在提勒管支管弯曲处加热。开始时，升温速度可稍快些，大约每分钟上升5℃。当距熔点约10℃时，应将升温速度控制在每分钟上升1～2℃，接近熔点时，还应更慢些。此时应密切关注毛细管内的变化情况，当发现样品出现潮湿时，表明样品开始熔化，此

时为初熔状态，记录初熔温度。当固体完全熔化，呈透明状态时，此时为终熔状态，记录终熔温度，这两个温度范围就是该样品的熔程。例如，测得某化合物的初熔温度为52℃，终熔温度为53℃，则该化合物的熔程为52~53℃。

四、注意事项

① 测定固体有机化合物的熔点，至少要有两次重复的数据。

② 每次测定，都必须重新更换毛细管，并将浴液冷却至低于样品熔点10℃以下，方可重复操作。

③ 样品填装量和温度计的安装位置必须符合要求。

五、课后作业

练一练，测一测

1. 扫一扫

扫一扫二维码，测试"测定乙酰苯胺的熔点"的学习效果。

2. 思考题

① 测定固体有机化合物的熔点时，为什么要用油浴间接加热？

② 为什么说通过测定熔点可以检验有机化合物的纯度？

③ 如果测得某未知物的熔点与某已知物的熔点相同，是否可以确认它们为同一化合物？为什么？

任务 3
水蒸气蒸馏八角茴香

【学习目标】

1. **知识目标**
   ① 掌握水蒸气蒸馏的原理。
   ② 了解水蒸气蒸馏在有机化学中的应用及意义。

2. **技能目标**
   ① 熟练掌握水蒸气蒸馏装置的组装、拆卸和使用。
   ② 通过水蒸气蒸馏八角茴香，学会水蒸气蒸馏的操作技术。

3. **素养目标**
   ① 树立规范操作和安全环保的理念。
   ② 培养团结合作精神。

一、任务准备

八角茴香，俗称大料，常用作调味剂。八角茴香中含有一种精油，叫作茴油，其主要成分为茴香脑，为无色或淡黄色液体，不溶于水，易溶于乙醇和乙醚。工业上用作食品、饮料、烟草的增香剂，也用于医药。由于其具有挥发性，可通过水蒸气蒸馏从八角茴香中分离出来。

水蒸气蒸馏
八角茴香的
仪器与药品

二、仪器设备与试剂

1. 仪器设备

三口烧瓶（1000mL）、蒸馏烧瓶（250mL）、锥形瓶（250mL）、直形冷凝管、尾接管、长玻璃管（100cm）、"T"形管、螺旋夹等。

2. 试剂

八角茴香。

三、任务实施

1. 加料

称取 5g 八角茴香，捣碎后放入 250mL 蒸馏烧瓶中，加入 15mL 水。

水蒸气蒸馏八角
茴香的操作

2. 组装水蒸气蒸馏装置

先定好热源，再按照从左至右、从下至上的组装顺序组装水蒸气蒸馏装置。定好电热套和铁架台，把 1000mL 三口烧瓶用铁夹固定在电热套内，并加入 650mL 自来水和几粒沸石，用配套的塞子连接长玻璃管和蒸汽导出管，并把长玻璃管插入三口烧瓶的中间口，蒸汽导出管插入三口烧瓶的右口，用塞子塞住三口烧瓶的左口。用乳胶管连接"T"形管、螺旋夹和蒸汽导入管，用铁架台固定蒸馏烧瓶，并接入蒸汽导入管，组装直形冷凝管、尾接管和接收器，最后接通冷却水。

3. 加热

检查装置的密封性后，接通冷却水，打开"T"形管上的螺旋夹，开始加热。

4. 蒸馏

当"T"形管处有大量蒸汽逸出时，立即旋紧螺旋夹，使蒸汽进入烧瓶，开始蒸馏，调节蒸汽量，使馏出速度控制在 2～3 滴每秒。

5. 停止蒸馏

当馏出液体积达 150mL 时，打开螺旋夹，停止加热，稍冷后，停通冷却水，拆除装置，记录馏出液体积，并倒入指定容器中。

四、注意事项

① 为防止暴沸，在水蒸气发生器中加入几粒沸石。

② 在进行水蒸气蒸馏过程中，应随时观察安全管（长玻璃管）内水位上升情况，如果发现异常，应该立即打开螺旋夹，检查系统内是否有堵塞现象。

③ 蒸馏中，应该注意蒸汽通入量，以防烧瓶内翻腾剧烈，使物料冲出烧瓶进入冷凝管中。

五、课后作业

1. 扫一扫

扫一扫二维码，测试"水蒸气蒸馏八角茴香"的学习效果。

练一练，测一测

2. 思考题

① 进行水蒸气蒸馏前，为什么要先打开"T"形管上的螺旋夹？

② 如何使茴香油分离效果更好些？

③ 水蒸气蒸馏适用于哪些混合物的分离？

④ 水蒸气蒸馏装置主要由哪些仪器部件组成？安全管（长玻璃管）和"T"形管在水蒸气蒸馏中各起什么作用？

 阅读材料

食用香料与健康

烹饪中，香料不仅能为食物增添香气和味道，还具有一些健康功效和对身体的益处。不妨了解一下。

一、辛香料的益处

辛香料，如辣椒、花椒、姜等，富含活性成分，具有抗菌和抗炎作用。其中辣椒中的辣椒素被认为是一种天然的疼痛缓解剂，可以帮助减轻关节炎和肌肉疼痛。另外，辛香料还有助于加速新陈代谢，促进血液循环，增强免疫力。然而，过量食用辛香料可能对胃肠道造成刺激，消化不良或胃溃疡患者应适量食用。

二、木香料的功效

木香料，如肉桂、丁香和茴香等，具有温热的性质，能够提高身体的新陈代谢率，并有助于消化。肉桂被广泛应用于调节血糖水平，可以帮助控制糖尿病；丁香则被认为具有镇痛和抗菌特性。此外，茴香可以缓解胃部不适和促进消化。然而，由于木香料性质温热，对于体质虚弱以及火气较大的人来说，食用过多有可能引发上火等问题。

三、芳香料的益处

芳香料，如迷迭香、薄荷和百里香等，含有丰富的抗氧化物质，具有抗炎和提神醒脑的作用。迷迭香是一种常用的香料，被广泛用于改善消化功能、促进食欲和缓解胃部不适。薄荷则可以缓解头痛和呼吸道不适。此外，百里香也被认为具有抗菌和抗病毒特性。然而，由于芳香料具有较强的香气和活性成分，过量食用可能导致过敏反应，因此应适量使用。

四、其他常见香料的功效

除了上述提到的香料，还有一些常见的香料也具有一些特殊的功效。例如，大蒜具有抗菌、抗炎和降血脂的作用，可以促进心血管健康。洋葱含有丰富的胡萝卜素和维生素 C，有助于增强免疫功能。葡萄柚皮具有抗氧化特性，对于预防心血管疾病和抗衰老有一定作用。

2022 年发布的《中国居民膳食指南》准则中提到"会烹会选，会看标签"。在使用香料时，我们应注意合理搭配，避免过量使用。尤其是对于一些具有刺激性的辛香料，应根据个人口味和身体状况进行适量调整。通过合理地使用香料，我们可以在享受美食的同时，也能获得最佳的健康益处。

最后，香料的保存也很重要，我们应将香料存放在阴凉干燥的地方，以免失去其香气和营养成分。

任务 4
制备甲烷及鉴定烷烃的化学性质

 【学习目标】

1. 知识目标
   ① 掌握甲烷的制备原理。
   ② 掌握烷烃的稳定、易燃等化学性质。
2. 技能目标
   ① 掌握实验室制备甲烷的方法和操作。
   ② 学会鉴别和检验烷烃的化学性质。
3. 素养目标
   ① 具备安全和环保意识。
   ② 具备团结合作意识。

一、任务准备

1. 甲烷的制备原理

实验室中，甲烷可由无水乙酸钠和碱石灰共热来制取。反应式如下：

$$CH_3COONa + NaOH \xrightarrow[\triangle]{CaO} CH_4\uparrow + Na_2CO_3$$

由于反应温度较高，在生成甲烷的同时，还会生成少量的乙烯、丙酮等副产物。其中乙烯对甲烷的化学性质鉴定有干扰，可通过浓硫酸将其吸收除去。

2. 烷烃的化学性质

甲烷和其他烷烃的化学性质都很稳定。在一般条件下，与强酸、强碱、溴水和高锰酸钾等都不反应。但在光照下可发生卤代反应，生成卤代烷烃。在空气中燃烧，生成二氧化碳和水。

二、仪器设备与试剂

1. 仪器设备

大试管（25cm × 20cm）、导气管、尖嘴管、支管试管（2.0cm × 20cm）、烧杯（100mL）、表面皿、洗气瓶等。

2. 试剂

浓硫酸、无水乙酸钠、碱石灰、高锰酸钾（0.1%）、氢氧化钠固体、液体石蜡（直链烷烃)、溴的四氯化碳（5%）、饱和溴水、石油醚（戊烷和己烷的混合物）、氢氧化钠（20%）、碳酸钠（5%）。

三、任务实施

1. 制备甲烷

甲烷的制备操作

称取 4g 无水乙酸钠、2g 碱石灰和 2g 粒状氢氧化钠，在研钵中研细混匀后，装入干燥的硬质试管中，试管口组装导气管的塞子。用铁夹把试管固定在铁架台上，试管口稍微倾斜向下，导气管的另一端通过塞子插入装有浓硫酸的支管试管中，位置至试管底部处。点燃酒精灯，先小火对试管整体均匀加热，再用强火加热试管中混合物，将火焰从试管前部逐渐移向底部，待空气排空后，做下列化学性质鉴定。甲烷的制备装置如图 3-4 所示。

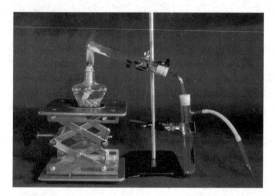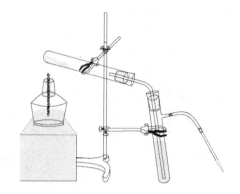

图 3-4 甲烷制备装置

2. 鉴定甲烷的化学性质

① 稳定性。在一支试管中加入饱和溴水 2mL，在另一支试管中加入 0.1% 高锰酸钾溶液和 5% 碳酸钠溶液各 1mL，分别向两支试管中通入经过浓硫酸清洗过的甲烷，观察溶液的颜色有无变化，记录现象并解释原因。

甲烷的稳定性

② 可燃性。在导气管的尖嘴管处点燃纯净的甲烷气体，观察火焰的颜色和亮度。在火焰的上方罩一个干燥的烧杯，观察烧杯底壁上有什么现象发生。记录现象并解释原因。再将烧杯用澄清石灰水（或少量饱和氯化钡溶液）润湿后，罩在火焰上，观察有什么现象发生。记录现象并解释原因，写出有关化学反应式。

甲烷的可燃性

3. 鉴定烷烃的通用化学性质

① 稳定性。在一支试管中加入 0.1% 高锰酸钾溶液和 5% 碳酸钠溶液各 1mL，在另一支试管中加入饱和溴水 2mL，再分别向两支试管中各加入石油醚 1mL，振摇后，观察在盛有溴水的试管中两层液体的颜色有什么变化。记录现象并解释原因。

石油醚的稳定性

另取两支试管，各加入 1mL 液体石蜡，然后在一支试管中加入 1mL 浓硫酸，另一支试管中加入 1mL 20% 氢氧化钠溶液，振荡后观察现象，记录并解释原因。

② 可燃性。在一块表面皿上滴 4~5 滴石油醚或液体石蜡，点燃，观察现象并记录，说明发生了什么反应。

③ 取代反应。取两支试管，各加入 1mL 石油醚和 5 滴 5% 溴的四氯化碳溶液，振摇后，一支立即用黑纸包好放于暗处，另一支置于阳光或日光灯下照射约 10min。比较两支试管中现象有什么不同。记录并解释原因。

石蜡的稳定性

四、注意事项

① 组装甲烷制备装置时，注意浓硫酸的加入量，以及加入浓硫酸的操作技术。

② 溴水有毒，小心操作。

石油醚的可燃性

③ 甲烷与空气能形成爆炸性混合物，因此，应该在甲烷气体发生平稳后再做可燃性试验。一定要注意点燃甲烷、石油醚和液体石蜡时，小心操作，防止失火。

五、课后作业

石蜡的可燃性

1. 扫一扫

扫一扫二维码，测试"制备甲烷及鉴定烷烃的化学性质"的学习效果。

2. 思考题

① 实验室中制取甲烷为什么需要干燥的仪器和试剂？

② 碱石灰的主要成分有哪些？在制取甲烷时，各起什么作用？

③ 制取甲烷的试管口为什么要稍向下倾斜？

④ 为什么向溴水中通入甲烷气体的时间不宜过长？

⑤ 本实验中是如何证明甲烷燃烧产物是二氧化碳和水的？

⑥ 烷烃的溴代反应为什么用溴的四氯化碳溶液而不用溴水？

练一练，测一测

任务 5

制备乙烯和乙炔及鉴定乙烯和乙炔的化学性质

 【学习目标】

1. **知识目标**
   ① 掌握乙烯、乙炔的制备原理。
   ② 掌握乙烯、乙炔的典型化学性质。
2. **技能目标**
   ① 学会实验室制备乙烯、乙炔的方法和操作。
   ② 学会鉴别乙烯和乙炔。
   ③ 学会检验乙烯和乙炔的化学性质。
3. **素养目标**
   ① 具备安全和环保意识。
   ② 具备团结合作意识。

一、任务准备

1. 乙烯和乙炔的制备原理

① 乙烯的制备。乙醇在浓硫酸作用下，于170℃发生分子内脱水生成乙烯，反应式如下：

$$CH_3CH_2OH \xrightarrow[170℃]{浓\ H_2SO_4} CH_2{=\!=}CH_2 + H_2O$$

在140℃时，乙醇主要发生分子间脱水生成乙醚：

$$CH_3CH_2O{-}\!\boxed{H + HO}\!{-}CH_2CH_3 \xrightarrow[140℃]{浓\ H_2SO_4} CH_3CH_2OCH_2CH + H_2O$$

温度对这两个平行反应影响很大，控制加热速度，使反应温度迅速升至160℃以上，可使反应以生成乙烯为主。

浓硫酸具有较强的氧化性，在反应条件下，能将乙醇氧化成一氧化碳、二氧化碳等，自身则被还原成二氧化碳。为防止杂质气体干扰乙烯的化学性质实验，将生成的混合气体通过一个盛有氢氧化钠的洗气瓶，二氧化碳、二氧化硫等酸性气体就会被碱液吸收，从而得到较为纯净的乙烯气体。

② 乙炔的制备。实验室中，乙炔是由电石（碳化钙）与水作用制得的，反应式如下：

$$CaC_2 + 2H_2O \longrightarrow CH{\equiv}CH + Ca(OH)_2$$

电石与水的作用十分激烈，为使反应缓慢进行，可采用向体系中逐滴加饱和食盐水的方式，以便平稳均匀地产生乙炔气流。

工业电石中常含有硫化钙、磷化钙和砷化钙等杂质，它们与水作用可生成硫化氢、磷化氢和砷化氢等恶臭、有毒的还原性气体，它们的存在不仅污染空气，也干扰了乙炔的化学性质实验。将反应生成的混合气体通过盛有硫酸铜溶液（或铬酸洗液）的洗气瓶时，这些杂质气体就会被吸收。

2. 乙烯和乙炔的化学性质

乙烯、乙炔都是不饱和烃，分子中的 π 键非常活泼，容易与溴发生加成反应，也容易被高锰酸钾氧化，反应式如下：

① 加成反应

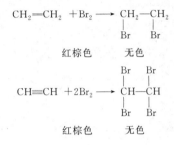

乙烯的性质概述

乙炔的性质概述

② 氧化反应

$$3CH_2{=}CH_2 + 2MnO_4^- + 4H_2O \longrightarrow 3\underset{\overset{|}{OH}\ \ \overset{|}{OH}}{CH_2{-}CH_2} + 2MnO_2\downarrow + 2OH^-$$

紫红色　　　　　　　　　　　无色　　　棕褐色

$$5CH_2{=}CH_2 + 12MnO_4^- + 36H^+ \longrightarrow 10CO_2\uparrow + 12Mn^{2+} + 28H_2O$$

紫红色　　　　　　　　　　　　粉红色

$$3CH{\equiv}CH + 10MnO_4^- + 2H_2O \longrightarrow 6CO_2\uparrow + 10MnO_2\downarrow + 10OH^-$$

紫红色　　　　　　　　　　棕褐色

此外，乙烯、乙炔都可在空气中燃烧，生成二氧化碳和水。

其他烯烃和炔烃也可发生上述同样反应。由于反应前后有明显的颜色变化或沉淀生成，所以这些化学性质可用于乙烯、乙炔及其他烯烃、炔烃的鉴定。

③ 炔氢原子的弱酸性。乙炔分子中的氢原子化学性质活泼，具有弱酸性，可与硝酸银氨溶液或氯化亚铜氨溶液作用，生成金属炔化物沉淀，利用此反应可鉴定乙炔及其他末端炔烃。反应式如下：

$$CH{\equiv}CH \xrightarrow{\ Ag^+\ } AgC{\equiv}CAg\downarrow（白色）$$

$$CH{\equiv}CH \xrightarrow{\ Cu^+\ } CuC{\equiv}CCu\downarrow（红色）$$

二、仪器设备与试剂

1. 仪器设备

蒸馏烧瓶（50mL、100mL）、导气管和尖嘴管、洗气瓶（125mL）、恒压滴液漏斗、温度计。

2. 试剂

氯化亚铜（3%）、羟胺（10%）、硝酸（6mol/L）、稀溴水（2%）、浓硫酸、饱和食盐水、乙醇（95%）、氢氧化钠（10%）、硫酸铜（10%）、氨水（2%）、高锰酸钾（0.1%）、碳酸钠（5%）、电石、硝酸银（2%）、氢氧化钠（1%）、黄沙。

三、任务实施

1. 制备乙烯

如图 3-5 所示，在干燥的 50mL 蒸馏烧瓶中加入 6mL 95% 乙醇，在振摇下分批加入 8mL

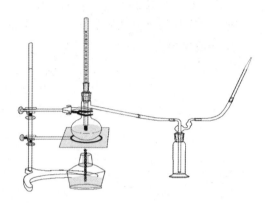

图 3-5　乙烯制备装置

乙烯的制备操作

浓硫酸，再加入约 3g 黄沙。将烧瓶固定在铁架台上，瓶口配上带有温度计的塞子。温度计的汞球部分应浸入反应液中，但不能接触瓶底。烧瓶的支管通过玻璃导管与盛有 30mL 10% 氧化钠溶液的洗气瓶连接，气体导入管应插入吸收液面下。检查装置的气密性后，先用强火加热，使反应液温度迅速升至 160℃，再调节热源，使温度维持在 165～175℃，即有乙烯气体产生。

乙烯与溴水加成反应

2. 鉴定乙烯的化学性质

① 将导气管插入盛有 2mL 2% 稀溴水的试管中，观察溴水的颜色变化。发生了什么反应？解释原因。

② 将导气管插入盛有 1mL 0.1% 高锰酸钾溶液和 1mL 5% 碳酸钠溶液的试管中，观察溶液颜色的变化及沉淀的生成。发生了什么反应？解释原因。

乙烯的氧化反应

③ 将导气管插入盛有 2mL 0.1% 高锰酸钾溶液和 2 滴浓硫酸的试管中，观察溶液颜色的变化。发生了什么反应？解释原因。

④ 在尖嘴管口处点燃乙烯气体，观察火焰明亮程度。发生了什么反应？

3. 制备乙炔

如图 3-6 所示，在干燥的 100mL 蒸馏烧瓶中加入 7g 小块电石，将烧瓶固定在铁架台上。瓶口组装恒压滴液漏斗，漏斗中装入 15mL 饱和食盐水。把蒸馏烧瓶的支管通过导管与盛有 30mL 10% 硫酸铜溶液的洗气瓶相连接，导管应插入吸收液中，检查装置严密性后，缓慢旋开滴液漏斗的旋塞，逐

乙炔的制备操作

滴加入饱和食盐水，乙炔气体产生。

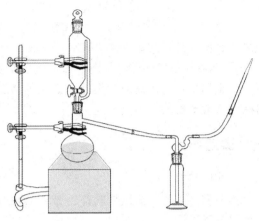

图 3-6　乙炔制备装置

4. 鉴定乙炔的化学性质

① 将导气管插入盛有 2mL 2％稀溴水的试管中，观察溶液颜色的变化。发生了什么反应？解释原因。

② 将导气管插入盛有 1mL 0.1％高锰酸钾溶液和 1mL 5％碳酸钠溶液的试管中，观察溶液颜色的变化及沉淀的生成。发生了什么反应？解释原因。

③ 将导气管插入盛有 2mL 0.1％高锰酸钾溶液和 2 滴浓硫酸的试管中，观察溶液颜色的变化。发生了什么反应？解释原因。

④ 在试管中加入 1mL 2％硝酸银溶液和 2 滴 10％氢氧化钠溶液，边振摇边滴加 2％氨水，直到沉淀恰好溶解（不要加过量），得到澄清透明的硝酸银氨溶液。将导气管尖嘴端清洗后，插入此溶液中，观察现象。发生了什么反应？解释原因。

⑤ 在试管中加入 1mL 3％氯化亚铜氨溶液和 1mL 10％羟胺溶液，混合后蓝色褪去。将导气管清洗后插入此溶液中，观察现象。发生了什么反应？解释原因。

⑥ 擦干尖嘴管口，点燃乙炔气体，观察火焰亮度和黑烟的多少，并与甲烷、乙烯的燃烧情况进行对比。

乙炔与溴水
加成反应

乙炔的氧化反应

炔氢原子反应

四、注意事项

① 制备乙烯时，注意控制反应温度。

② 点燃乙烯和乙炔时，小心操作，防止失火。

③ 配制银氨溶液，加入氨水一定不能过量。

④ 乙烯、乙炔化学性质试验所用的各种试剂，应事先加入试管中，一旦气体产生后，便可立即连续进行各项实验，以免造成气体浪费而不够用。

⑤ 实验时，导气管尖嘴必须插入试管中的液面下。

⑥ 乙烯、乙炔的燃烧试验应放在其他试验项目后做，以免空气未排尽之前，点燃混合

气体而引起爆炸事故。乙烯在空气中的爆炸极限为 $2.75\%\sim2.76\%$，乙炔在空气中的爆炸极限为 $2.5\%\sim80\%$，范围较宽，实验时一定要注意安全。

⑦ 乙烯的化学性质与鉴定试验做完后，应先切断连接烧瓶与洗气瓶的乳胶管，再停止加热，否则容易引起碱液倒吸。

⑧ 金属炔化物在干燥状态下，受热会发生猛烈爆炸，并放出大量热。所以，实验完毕，不要将金属炔化物沉淀随意倒掉，必须加酸分解。先将沉淀上面的清液弃去，然后加 2mL 稀硝酸（或稀盐酸）加热至沸。

五、课后作业

1. 扫一扫

练一练，测一测

扫一扫二维码，测试"制备乙烯和乙炔及鉴定乙烯和乙炔的化学性质"的学习效果。

2. 思考题

① 制备乙烯时，加入浓硫酸起什么作用？浓硫酸为什么要在冷却下分批加入？

② 制备乙烯的反应，温度计为什么要插入液面下？为什么要使反应温度迅速升至160℃以上，否则会有什么不良后果？

③ 在乙烯、乙炔的制备装置中，洗气瓶各起什么作用？

④ 制备乙炔时，为什么使用饱和食盐水来代替水与电石反应？若不用滴液漏斗而直接将饱和食盐水加入烧瓶中，可以吗？为什么？

⑤ 燃烧试验的时间为什么不宜过长？如何快速熄灭火焰？

⑥ 金属炔化物有什么特性？实验后应如何处置？

任务 6

鉴定卤代烃的化学性质

【学习目标】

1. **知识目标**
   ① 掌握卤代烃与硝酸银的乙醇溶液的反应机理。
   ② 掌握卤代烃与碘化钠的丙酮溶液的反应机理。
   ③ 了解不同的烃基对卤代烃的反应活性的影响。
   ④ 了解不同卤原子的卤代烃的反应活性规律。

2. **技能目标**
   ① 学会鉴别卤代烃。
   ② 学会检验卤代烃的化学性质。

3. **素养目标**
   ① 具备安全和环保意识。
   ② 具备团结合作精神。

一、任务准备

1. 卤代烷烃的化学性质

卤代烷与硝酸银的乙醇溶液反应后，生成硝酸酯，同时析出卤化银沉淀。反应式如下：

$$R \dashv X + Ag \dashv ONO_2 \xrightarrow{\text{乙醇}} R-ONO_2 + AgX \downarrow$$
$$\text{硝酸烷基酯}$$

卤代烃的
性质概述

在该反应中，不同卤代烷的反应活性为：

$$\text{叔卤代烷} > \text{仲卤代烷} > \text{伯卤代烷}$$

如果烷基结构相同，而卤素原子不同，则反应活性为：

$$R-I > R-Br > R-Cl$$

2. 卤代烯烃和卤代芳烃的化学性质

卤代烯烃和卤代芳烃与硝酸银的乙醇溶液反应后，根据分子中卤原子与双键碳原子或者芳环的相对位置不同而活性差异较大。

① 乙烯型卤代烃，即卤原子直接与双键碳原子或者芳环相连的卤代烃，如氯乙烯、溴苯。则该卤原子都很稳定。如氯乙烯即使在加热甚至煮沸时，也不与硝酸银的乙醇溶液反应。利用这一化学性质可以区别卤代烷与乙烯型卤代烃。

② 烯丙型卤代烃，即卤原子与双键碳原子或者芳环相隔一个饱和碳原子的卤代烃，如烯丙基氯、苄基氯。则该卤原子非常活泼，如烯丙基氯在常温下，可迅速与硝酸银的乙醇溶液反应，并析出氯化银沉淀。利用该反应可以鉴别烯丙型卤代烃。

③ 孤立型卤代烃，即卤原子与双键碳原子或者芳环相隔两个或者两个以上的饱和碳原子的卤代烃，如4-氯-1-丁烯、1-苯-2-溴乙烷。则该卤原子的活性与卤代烷相似。

④ 多卤代烃，即两个以上的卤原子连在同一个碳原子上的卤代烃（如氯仿、四氯化碳）。则此卤原子都很稳定，不能与硝酸银的醇溶液反应。

3. 不同类型卤代烃的反应活性

综上所述，不同类型的卤代烃与硝酸银的乙醇溶液反应活性为：

烯丙型＞孤立型（卤代烷烃）＞乙烯型

比如：烯丙型卤代烃、叔卤代烷、碘卤代烷等，与硝酸银的乙醇溶液反应后，会立即生成卤化银沉淀。此外，$R_3N^+HX^-$、$R_4N^+X^-$、$R{-}\overset{\overset{O}{\|}}{C}{-}X$ 在室温下也能立即生成卤化银沉淀。

再如：伯卤代烷、仲卤代烷加热后也能生成卤化银沉淀。如 $RCHBr_2$、$Cl{-}\langle\ \rangle{-}NO_2$。

二、仪器设备与试剂

1. 仪器设备

试管、烧杯、电热套。

2. 试剂

1-氯丁烷、2-氯丁烷、2-甲基-2-氯丙烷、1-溴丁烷、溴化苄、溴苯、1-碘丁烷、2,4-二硝基氯苯、乙醇、硝酸、硝酸银、碘化钠、丙酮。

三、任务实施

1. 卤代烃与硝酸银的乙醇溶液反应

（1）卤原子相同而烃基不同的卤代烃反应活性比较

① 取 3 支干燥的试管，各加入 1mL 5％硝酸银的乙醇溶液，然后分别加入 2～3 滴 1-氯丁烷、2-氯丁烷、2-甲基-2-氯丙烷，振荡各试管，观察有无沉淀析出。如果 10min 后仍无沉淀析出，可在水浴中加热煮沸后再观察。在有沉淀生成的试管中各加入 1 滴 5％硝酸，如沉淀不溶解，表明沉淀为卤化银。记录观察到的现象，写出各类卤代烃的反应活性次序及反应式。

卤原子相同烃基
不同的卤代烃
反应活性（1）

② 取 3 支干燥的试管，各加入 1mL 5％硝酸银的乙醇溶液，然后分别加入 2～3 滴 1-溴丁烷、溴化苄、溴苯，振荡各试管，观察有无沉淀析出。如 10min 后仍无沉淀析出，可在水浴中加热煮沸后再观察。在有沉淀生成的试管中各加入 1 滴 5％硝酸，如沉淀不溶解，表明沉淀为卤化银。记录观察到的现象，写出各卤代烃的反应活性次序及反应式。

卤原子相同烃基
不同的卤代烃
反应活性（2）

（2）烃基相同而卤原子不同的卤代烃反应活性比较　取 3 支干燥的试管，各放入 1mL 5％硝酸银的乙醇溶液，然后分别加入 2～3 滴 1-氯丁烷、

烃基相同卤原子
不同活性

1-溴丁烷、1-碘丁烷，振荡各试管，观察有无沉淀析出。如 10min 后仍无沉淀析出，可在水浴中加热煮沸后再观察。在有沉淀生成的试管中各加入 1 滴 5％硝酸，如沉淀不溶解，表明沉淀为卤化银。观察和记录生成沉淀的颜色与时间，比较不同卤原子活泼性，写出反应式。

2. 卤代烃与碘化钠的丙酮溶液的反应

取 4 支干燥的试管，各加入 1mL 碘化钠的丙酮溶液，然后分别加入 3 滴 1-溴丁烷、溴苄、溴苯和 2,4-二硝基氯苯。振荡各试管，观察有无沉淀析出，记录产生沉淀的时间。5min 后，将仍无沉淀析出的试管放在 50℃的水浴里加热 6min，然后将其取出冷却至室温。注意观察试管里的变化并记录产生沉淀的时间。

四、注意事项

① 必须用干燥、洁净的试管进行操作。

② 硝酸银滴在皮肤上会发生生化反应，使皮肤变黑，请小心操作。

③ 1-溴丁烷、溴苄、溴苯等有机化合物有毒，请小心操作。

④ 碘化钠的丙酮溶液的配制方法：称取 15g 碘化钠溶于 100mL 丙酮中，新配制的溶液是无色的，静置后呈柠檬黄色，必须贮存于棕色瓶中。若溶液呈红棕色，则弃去重新配制。

五、课后作业

练一练，测一测

1. 扫一扫

扫一扫二维码，测试"鉴定卤代烃的化学性质"的学习效果。

2. 思考题

① 根据本实验观察得到的卤代烃反应活性次序，解释说明其原因。

② 是否可用硝酸银水溶液代替硝酸银的乙醇溶液进行反应？

③ 加入硝酸银的乙醇溶液后，如生成沉淀，能否根据此现象即可判定原来样品含有卤原子？

任务 7
鉴定醇和酚的化学性质

【学习目标】

1. **知识目标**
   ① 掌握醇的化学反应机理。
   ② 掌握酚的化学反应机理。
   ③ 了解醇和酚化学性质上的异同。

2. **技能目标**
   ① 学会鉴别醇和酚。
   ② 学会用化学方法检验醇和酚。

3. **素养目标**
   ① 具备安全和环保意识。
   ② 具备团结合作精神。

一、任务准备

1. 醇的化学性质

① 与金属钠作用。醇类的特征反应主要发生在羟基上，羟基中的氢原子比较活泼，可被金属钠取代，生成醇钠，同时放出氢气：

$$2RCH_2OH + 2Na \longrightarrow 2RCH_2ONa + H_2 \uparrow$$

醇钠水解生成氢氧化钠，可用酚酞检验。醇与金属钠的反应速率随烃基增大而减慢。

② 与卢卡斯试剂作用。醇分子中的羟基可被卤原子取代，生成卤代烃：

$$RCH_2OH + HX \longrightarrow RCH_2X + H_2O$$

醇与酚的
性质概述

与羟基相连的烃基结构不同，反应活性也不相同。叔醇最活泼、反应速率最快，仲醇次之，伯醇反应速率最慢。将伯、仲、叔醇与卢卡斯试剂反应，生成的氯代烷不溶于卢卡斯试剂而出现混浊或分层。叔醇因反应速率快而立即出现混浊；仲醇反应速率较慢，需经微热后才出现混浊；伯醇因反应速率很慢而无明显变化。可根据出现混浊时间的快慢来鉴别三级醇。

③ 与氧化剂作用。伯醇和仲醇能够与高锰酸钾、重铬酸钾等氧化剂发生氧化反应，而叔醇在常温下不易被氧化。如用重铬酸钾的硫酸溶液与伯、仲、叔三级醇作用时，伯醇被氧化成羧酸；仲醇被氧化成酮；橘红色的重铬酸钾被还原成绿色的三价铬，溶液由橘红色转变

成绿色，叔醇因不被氧化，溶液的颜色不变。可利用这一化学性质鉴定叔醇。反应式如下：

$$RCH_2OH + CrO_7^{2-} + 10H^+ \longrightarrow RCOOH + 2Cr^{3+} + 6H_2O$$

橘红色　　　　　　　　　　　　　绿色

$$\underset{R}{\overset{R}{\big|}}CHOH + CrO_7^{2-} + 12H^+ \longrightarrow \underset{R}{\overset{R}{\big|}}C=O + 2Cr^{3+} + 7H_2O$$

橘红色　　　　　　　　　　　　　绿色

$$R_3C-OH + CrO_7^{2-} + H^+ \longrightarrow\!\!\!\!\!/$$

橘红色

④ 多元醇与氢氧化铜作用。多元醇可以与某些金属氢氧化物作用生成类似盐类的物质。如乙二醇、丙三醇与新配制的氢氧化铜沉淀反应，生成绛蓝色溶液，可利用这一反应鉴定邻位二元醇。反应式如下。

$$\begin{array}{l} CH_2OH \\ | \\ CHOH \\ | \\ CH_2OH \end{array} + Cu(OH)_2 \longrightarrow \begin{array}{l} CH_2-O \\ | \quad\quad\ \ \diagdown Cu \\ CH-O \\ | \\ CH_2OH \end{array} + 2H_2O$$

蓝色，固态　　　　绛蓝色，液态

2. 酚的化学性质

① 弱酸性。酚羟基与芳环直接相连，由于二者相互影响，使酚羟基具有弱酸性，可溶于氢氧化钠溶液，但不溶于碳酸氢钠。当芳环上连有吸电子基时，会使酚羟基的酸性增加，如苦味酸就具有较强的酸性，可溶于碳酸氢钠溶液，生成相应的盐。反应式如下：

② 与溴水作用。受酚羟基的影响，苯环变得活泼，取代反应容易进行，例如，常温下苯酚与溴水作用，可立即生成 2,4,6-三溴苯酚白色沉淀，反应灵敏，现象明显，可用于苯酚的鉴定。反应式如下：

③ 与氯化铁作用。大多数酚类都可以与氯化铁溶液发生颜色反应，且不同结构的酚，颜色也不相同，常用这一反应来鉴别酚类。反应式如下：

$$6C_6H_5OH + FeCl_3 \longrightarrow [Fe(OC_6H_5)_6]^{3-} + 6H^+ + 3Cl^-$$

二、仪器设备与试剂

1. 仪器设备

试管、烧杯、电热套。

2. 试剂

10%硫酸铜、10%氢氧化钠、5%重铬酸钾、10%碳酸氢钠、酚酞、浓硫酸、3mol/L硫酸、1%氯化铁、10%碳酸钠、2%硫酸亚铁铵、1%硫氰化钾、间苯二酚、对苯二酚、饱和溴水、无水乙醇、卢卡斯试剂、异戊醇、仲丁醇、叔丁醇、乙二醇、丙三醇、金属钠、苦味酸、苯酚、苯、苯甲酰氯、浓盐酸、氢氧化钠、无水氯化锌、氯化铁、碘化钾、饱和溴水、硫酸铜。

三、任务实施

1. 鉴定醇的化学性质

① 与金属钠作用。在两支干燥的编码试管中分别加入无水乙醇、异戊醇各1mL，再各加入1粒红豆大小的金属钠（教师先将金属钠分成小块，然后学生再取），观察两支试管中反应速率的差异。

待试管中钠粒完全消失后，醇钠析出使溶液变黏稠，向试管中加入5mL水并滴入2滴酚酞指示剂，观察溶液的颜色变化。记录上述实验现象并解释原因。

② 与氧化剂作用。在三支编码试管中各加入1mL 5%重铬酸钾溶液和1mL 3mol/L硫酸溶液，振荡混匀后，分别加入5滴异戊醇、仲丁醇、叔丁醇，振摇后用小火加热，观察现象，并记录解释原因。

③ 与卢卡斯试剂作用。在三支编码试管中，分别加入0.5mL异戊醇、仲丁醇、叔丁醇，再各加入5mL卢卡斯试剂，用软木塞塞住试管，用力振摇片刻后静置，观察试管中的变化。记录首先出现混浊的时间，将其余两支试管放入50℃的水浴中温热几分钟，取出观察，记录实验现象并解释原因。

④ 多元醇与氢氧化铜作用。在两支试管中，各加入1mL 10%硫酸铜溶液和1mL 10%氢氧化钠溶液，混匀，立即出现蓝色氢氧化铜沉淀。向两支试管中分别加入5滴乙二醇、丙三醇，振摇并观察现象变化，记录并解释原因。

醇与金属钠
反应

醇与氧化剂
反应

醇与卢卡斯
试剂反应

多元醇与氢
氧化铜反应

⑤ 与苯甲酰氯作用。取3个配有塞子的试管，各加入0.5mL异戊醇、仲丁醇、叔丁醇，然后分别加1mL水和几滴苯甲酰氯，再分2次各加入2mL 10%氢氧化钠溶液，每次加完后，将塞子塞紧，激烈摇动，使试管中的溶液呈碱性，看是否有酯的香味。

醇与苯甲
酰氯反应

2. 鉴定酚的化学性质

① 弱酸性。在试管中加入约0.3g（1小玻璃药勺的量）苯酚和3mL水，振摇并观察是否溶解。用玻璃棒蘸一滴溶液，以广泛pH试纸检验酸碱性。加热试管，取出观察其中的变化，将溶液冷却，有什么现象发生？向其中的一支试管滴加10%氢氧化

钠溶液并振摇，发生了什么变化？再加入 10％盐酸，又有何变化？再通入二氧化碳，又有何变化？再加入 10％盐酸，又有何变化？

在两支试管中，各加入约 0.3g 苯酚，再分别加入 1mL 10％碳酸钠溶液、1mL 10％碳酸氢钠溶液，振摇并温热后，观察并对比两试管中的现象。

另取一支试管，加入少量（1 小玻璃药勺的量）的苦味酸，再加入 1mL 10％碳酸氢钠溶液，振摇并观察现象。

② 与溴水作用。在试管中加入约 0.3g 苯酚和 2mL 水，振摇使其溶解成为透明溶液，向其中滴加饱和溴水，观察现象，记录并解释原因。

③ 与氯化铁作用。在三支试管中分别加入少量苯酚、间苯二酚、对苯二酚晶体，各加入 2mL 水振摇使其溶解。分别向两支试管中滴加新配制的 1％氯化铁溶液，观察溶液颜色变化，记录现象并解释原因。

苯酚的
弱酸性

苯酚与碳酸钠
和碳酸氢钠反应

苦味酸与碳
酸氢钠反应

苯酚与
溴水反应

酚与氯化
铁显色反应

四、注意事项

① 实验操作所用试管比较多，为便于区别请把试管编码。

② 苯酚毒性较强，避免粘到手上。

③ 卢卡斯试剂必须新配，否则效果不佳。

五、课后作业

1. 扫一扫

扫一扫二维码，测试"鉴定醇和酚的化学性质"的学习效果。

练一练，测一测

2. 思考题

① 用 95％的乙醇代替无水乙醇与金属钠反应可以吗？为什么？

② 与卢卡斯试剂反应时，试管中有水可以吗？为什么？

③ 设计一个试验方案，鉴别正丙醇、异丙醇和丙三醇。

④ 1-溴丁烷中混有少量丁醚，如何用简便方法将其除去？

⑤ 为什么伯醇和仲醇与卢卡斯试剂反应后，溶液先混浊后分层？

⑥ 为什么苯酚比苯和甲苯容易进行溴代反应？

⑦ 为什么苯酚溶于碳酸钠溶液而不溶于碳酸氢钠溶液？

📖 阅读材料

酚类的杀菌作用和各种药皂

酚（phenol），通式为 ArOH，是芳香烃环上的氢被羟基（—OH）取代的一类芳香族化合物。最简单的酚为苯酚。酚类化合物是指芳香烃中苯环上的氢原子被羟基取代所生成的化合物，根据其分子所含的羟基数目可分为一元酚和多元酚。

多数酚在室温下是固体，有些是液体。大多数酚有难闻的气味，但有些也有香味。许多酚类化合物有杀菌能力，杀菌能力随羟基数目的增加而增强。

药皂是在肥皂或香皂的原料中加入一定量的杀菌剂（如酚类化合物）或药物制成的，所以有着不错的清洁去污和杀菌止痒作用。

目前市场上常见的药皂分为4类。

① 酚类药皂：常呈红色，并有特殊的刺激气味。可用于洗手消毒，成人夏天用其洗澡可消除汗臭味。有些年轻人脸上容易长粉刺，也可选用苯酚药皂。但它对皮肤的刺激性较强，皮肤敏感以及有伤口的人不宜使用。

② 硼酸类药皂：硼酸消毒能力相对较弱，仅能抑制部分细菌的繁殖，对病毒、寄生虫没有作用，适用于普通的皮肤消毒。演员卸妆时可用硼酸皂帮助除去油彩、铅粉。老年人由于皮脂分泌少，也可以用全硼酸皂。

③ 硫黄类药皂：由于皂基中加入了硫黄，在洗浴时可产生硫化氢和五氯磺酸，有助于杀灭螨虫、疥虫等寄生虫及部分真菌。

④ 中草药类药皂：皂基中加入了中草药浸取液。由于加入的草药不同，因而产生的治疗作用也不相同。比如添加了蜂胶的药皂对脱发、痤疮、粉刺、痱子、轻度伤口愈合都有辅助治疗作用。

任务 8
鉴定醛和酮的化学性质

【学习目标】

1. 知识目标
① 掌握醛的化学反应机理。
② 掌握酮的化学反应机理。
③ 掌握醛和酮的化学性质。

2. 技能目标
① 学会鉴别醛和酮。
② 学会用化学方法检验醛和酮。

3. 素养目标
① 具备安全和环保意识。
② 具备团结合作精神。

一、任务准备

1. 羰基加成反应

醛和酮都是分子中含有羰基官能团的化合物，它们有很多相似的化学性质。例如，醛和酮的羰基都容易发生加成反应。醛和甲基酮与饱和亚硫酸氢钠溶液的加成产物 α-羟基磺酸钠为冰状结晶。反应式如下：

醛和酮的
性质概述

$$\begin{matrix} R \\ | \\ C=O \\ | \\ (CH_3)H \end{matrix} + NaHSO_3 \rightleftharpoons \begin{matrix} R \quad OH \\ | \quad | \\ C \\ | \quad | \\ (CH_3)H \quad SO_3Na \end{matrix}$$

α-羟基磺酸钠与稀酸或稀碱共热时又分解为原来的醛酮，利用这一化学性质，可鉴别、分离和提纯醛或甲基酮。

2. 缩合反应

醛和酮都能与氨的衍生物发生缩合反应。例如，与 2,4-二硝基苯肼缩合生成具有固定熔点的黄色或橙红色沉淀（苯腙类化合物）。反应式如下：

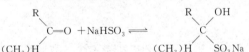

2,4-二硝基苯肼　　　　　　　　2,4-二硝基苯腙

2,4-二硝基苯腙在稀酸作用下可水解成原来的醛或酮，因此这一反应常用来鉴定、分离和提纯醛或甲基酮。

3. 碘仿反应

具有 $CH_3\overset{O}{\overset{\|}{C}}-$ 结构的醛、酮和能够被氧化成这种结构的醇类，如 $CH_3\overset{OH}{\overset{|}{C}}HR$ 可与次碘酸钠发生碘仿反应，生成淡黄色碘仿。反应式如下：

$$CH_3\overset{O}{\overset{\|}{C}}-R(H) \xrightarrow{NaOI} CHI_3\downarrow+(H)RCOONa$$

$$CH_3CH_2OH \xrightarrow{NaOI} CH_3CHO \xrightarrow{NaOI} CHI_3\downarrow+HCOONa$$

利用碘仿反应可鉴别甲基醛、酮和能够氧化成甲基醛、酮的醇类。

4. 氧化反应

醛和酮的结构不同，化学性质也有差异，醛基上的氢原子非常活泼，容易发生氧化反应，较弱的氧化剂也能将醛氧化成羧酸。

与托伦试剂作用的反应式如下：

$$RCHO+2Ag(NH_3)_2OH \xrightarrow{\triangle} RCOONH_4+2Ag\downarrow+3NH_3+H_2O$$

析出的银吸附在洁净的玻璃器皿上，形成银镜，因此这一反应又称银镜反应。酮不能被托伦试剂氧化，可利用这一反应区别醛和酮。

与斐林试剂作用的反应式如下：

$$RCHO+2Cu(OH)_2+NaOH \xrightarrow{\triangle} RCOONa+Cu_2O\downarrow+3H_2O$$

酮和芳醛不能被斐林试剂氧化，可用此反应区别醛和芳醛、醛和酮。

此外，醛还能与希夫试剂作用呈紫红色，甲醛与希夫试剂作用生成的紫红比较稳定，加硫酸也褪色，利用这一特点可区别甲醛和其他醛。

二、仪器设备与试剂

1. 仪器设备

试管、烧杯、电热套。

2. 试剂

10％氢氧化钠、10％碳酸钠、2％硝酸银、6mol/L 硝酸、6mol/L 盐酸、37％甲醛、40％乙醛、异戊醛、苯甲醛、斐林试剂 A、斐林试剂 B、丙酮、甲醇、苯乙酮、异丙酮、2,4-二硝基苯肼、碘-碘化钾溶液、饱和亚硫酸氢钠、95％乙醇、氨水。

三、任务实施

1. 羰基加成反应

在 4 支干燥的编码试管中，各加入新配制的饱和亚硫酸氢钠溶液 1mL，然后分别加入 0.5mL 37％甲醛溶液、异戊醛、苯甲醛、丙酮。振摇后放入冰-水浴中冷却几分钟，取出观察有无结晶析出。

取出结晶析出的试管，倾去上层清液，向其中 2 支试管中加入 2mL 10％碳酸钠溶液，

醛和酮的羰基
加成反应

向其余试管中加入 2mL 稀盐酸溶液，振摇并稍稍加热，结晶是否溶解？有什么气味产生？记录现象并解释原因。

2. 缩合反应

在 5 支编码试管中，各加入 1mL 新配制的 2,4-二硝基苯肼试剂，再分别加入 5 滴 37% 甲醛溶液、40% 乙醛溶液、苯甲醛、丙酮、苯乙酮，振摇静置，观察并记录现象，描述沉淀颜色的差异。

醛和酮的
缩合反应

3. 碘仿反应

在 6 支编码试管中，各加入 5 滴 37% 甲醛溶液、40% 乙醛溶液、异戊醛、丙酮、乙醇、异丙醇，再各加入 1mL 碘-碘化钾溶液，边振摇分别滴加 10% 氢氧化钠溶液至碘的颜色刚好消失，反应液呈黄色为止，观察有无沉淀析出，将没有沉淀析出的试管置于 60℃ 水浴中温热几分钟后取出，冷却，观察现象，记录并解释原因。

醛和酮的
碘仿反应

4. 氧化反应

① 与托伦试剂反应。在 3 支洁净的编码试管中各加入 1mL 2% 的硝酸银溶液，边振摇边向其中滴加 1∶1 氨水，开始时出现棕色沉淀，继续滴加氨水，直至沉淀恰好溶解为止。再分别加入 2 至 5 滴 37% 甲醛溶液、苯甲醛、苯乙酮。用力振摇 3 支试管，我们会发现其中的 1 支试管内会马上生成银镜，记录现象并解释原因。另外 2 支试管不会生成银镜，请将这 2 支试管同时放入 70℃ 左右水浴中，温热几分钟后取出，观察有无银镜生成，记录现象并解释原因。

醛和酮与托伦
试剂反应

② 与斐林试剂反应。在 4 支编码试管中各加入 0.5mL 斐林试剂 A 和 0.5mL 斐林试剂 B，混匀后分别加入 5 滴 37% 甲醛溶液、40% 乙醛溶液、苯甲醛、丙酮，充分振摇后，置于沸水浴中加热几分钟（注意水必须要沸腾），取出观察现象差别，记录并解释原因。

醛和酮与斐林
试剂反应

四、注意事项

① 实验操作所用试管比较多，为便于区别请把试管编码。

② 银镜反应中，浓氨水不能过量，试管必须洗干净，否则效果不明显。

③ 为了节约时间，可以在实验开始时用电热套加热一小烧杯水，用于实验过程中的水浴加热和沸水加热。

五、课后作业

1. 扫一扫

扫一扫二维码，测试"鉴定醛和酮的化学性质"的学习效果。

练一练，测一测

2. 思考题

① 醛和酮的化学性质存在哪些异同？为什么？可用哪些简便方法鉴别它们？

② 与饱和亚硫酸氢钠的加成反应可以用来提纯甲醛和乙醛吗？为什么？

③ 哪些醛和酮可以发生碘仿反应？乙醇和异丙醇为什么也能发生碘仿反应？

④ 进行碘仿反应时，为什么要控制碱的加入量？

⑤ 醛与托伦试剂的反应为什么要在碱性溶液中进行？在酸性溶液中可以吗？为什么？

⑥ 银镜反应为什么要使用洁净的试管？实验结束后为什么要用稀硝酸分解反应液？

⑦ 苯甲醇中混有少量苯甲醛，试设计一实验方案将其分离除去。

任务 9
鉴定羧酸及其衍生物的化学性质

【学习目标】

1. 知识目标
① 掌握羧酸的化学反应机理。
② 掌握羧酸衍生物的化学反应机理
③ 掌握羧酸及其衍生物的化学性质。

2. 技能目标
① 学会鉴别羧酸及其羧酸衍生物。
② 学会用化学方法检验羧酸及其羧酸衍生物。

3. 素养目标
① 具备安全和环保意识。
② 具备团结合作精神。

一、任务准备

1. 羧酸的化学性质

羧酸是分子中含有羧基 $-\overset{\text{O}}{\underset{}{\text{C}}}-\text{OH}$ 官能团的有机物。其典型的化学性质是具有酸性，并使蓝色的石蕊试纸变红，其酸性比碳酸和苯酚强，能够与氢氧化钠、碳酸钠和碳酸氢钠反应生成水溶性的羧酸盐。所以羧酸既能溶于氢氧化钠、碳酸钠溶液，也能溶于碳酸氢钠溶液。可以根据羧酸与碳酸钠或者碳酸氢钠反应放出二氧化碳，用来鉴定羧酸。

羧酸及其衍生物的性质概述

当羧酸与吸电子基团相连时，酸性增强，与供电子基团相连时，酸性减弱。吸电子基团数目越多，电负性越大，离羧基越近，羧酸的酸性越强。某些酚类，特别是芳环上有强吸电子基团的酚类具有与羧酸类似的酸性，可通过与氯化铁的显色反应来加以区别。

2. 羧酸衍生物的化学性质

羧酸分子中的羟基可被卤原子、酰氧基、烃氧基和氨基取代生成酰卤、酸酐、酯和酰胺等羧酸衍生物。这些羧酸衍生物具有相似的化学性质，在一定的条件下，都能发生水解、醇解和氨解反应，其活性顺序为：酰卤＞酸酐＞酯＞酰胺。

二、仪器设备与试剂

1. 仪器设备

试管、烧杯、电热套。

2. 试剂

10％与20％氢氧化钠、0.5％高锰酸钾、1％氯化铁、6mol/L盐酸、3mol/L硫酸、10％碳酸钠、5％硝酸银、饱和碳酸钠、红色石蕊试纸、刚果红试纸、无水乙醇、乙酸乙酯、乙酰胺、乙酰氯、苯甲酸、冰醋酸、浓硫酸、甲酸、乙酸、草酸、氨水。

三、任务实施

1. 鉴定羧酸的化学性质

① 酸性。在3支编码试管中，分别加入5滴甲酸、乙酸、0.2g（1小玻璃药勺）草酸，加入1mL蒸馏水，振摇。用干净的玻璃棒分别蘸少量的酸液，在同一条刚果红试纸上画线，观察试纸颜色变化，比较各条线颜色变化，比较各条线颜色深浅并说明三种酸的酸性强弱。

在3支试管中各加入2mL 10％碳酸钠溶液，再分别加入5滴甲酸、乙酸、0.2g草酸，振摇试管，有无气泡产生？是什么物质？记录实验现象并解释原因。

试管中加入0.2g苯甲酸和1mL蒸馏水，振摇并观察溶解情况，向试管中滴加20％氢氧化钠溶液，振摇，发生了什么变化？再向其中滴加盐酸溶液，又发生了什么变化？记录现象并解释原因。

羧酸的
酸性比较

羧酸与碳酸钠
反应

苯甲酸的
酸性

乙醇与醋酸的
酯化反应

② 酯化反应。在试管中加入无水乙醇和冰醋酸各1mL，再加入3滴浓硫酸，小火加热几分钟，液面有无分层现象？是否嗅到酯的香味？记录现象并写出相关反应式。

甲酸和草酸与
高锰酸钾反应

③ 甲酸和草酸的还原性。在2支试管中分别加入0.5mL甲酸和0.2g草酸，再各加入2至4滴0.5％高锰酸钾溶液和0.5mL 3mol/L硫酸溶液，振摇后加热至沸，观察现象，记录并解释原因。

在1支洁净的试管中加入5滴5％硝酸银溶液，边振摇边向其中滴加1∶1氨水，开始时出现棕色沉淀，继续滴加氨水，直至沉淀恰好溶解为止。再加入5滴甲酸，振摇后将试管放入90℃水浴中加热几分钟后取出，观察有无银镜产生，记录实验现象并解释原因。

甲酸的银镜反应

2. 鉴定羧酸衍生物的化学性质

（1）水解反应

① 酰氯的水解。在试管中加入 1mL 蒸馏水，沿管壁缓慢加入 3 滴乙酰氯，轻轻振摇试管，观察反应剧烈程度并用手触摸试管底部，描述反应现象并说明反应是否放热。

待试管稍冷后，向其中加入 2 滴硝酸银，观察有何变化。记录实验现象并写出有关化学反应式。

② 酸酐的水解。在试管中加入 1mL 蒸馏水和 3 滴乙酸酐，振摇并观察其溶解性，稍微加热试管，观察现象变化并嗅其气味，生成了什么物质？写出有关化学反应式。

酰氯的水解反应

酸酐的水解反应

酯的水解反应

酰胺的水解反应

③ 酯的水解。在 3 支试管中各加入 1mL 乙酸乙酯和 1mL 蒸馏水，再向其中一支试管中加入 0.5mL 硫酸溶液，向另一支试管中加入 0.5mL 20％氢氧化钠溶液，将 3 支试管同时放入 70～80℃水浴中加热，边振摇边观察，并比较各试管中酯层消失的速度，哪一支试管中酯层消失得快一些？为什么？写出有关化学反应式。

④ 酰胺的水解。在试管中加入 0.2g 乙酰胺和 2mL 20％氢氧化钠溶液，振摇后加热至沸，是否嗅到氨的气味？记录并写出有关的化学反应式。

在试管中加入 0.2g 乙酰胺和 2mL 硫酸溶液，振摇后加热至沸，是否嗅到乙酸的气味？冷却后加入 20％氢氧化钠溶液至碱性，嗅其气味，记录实验现象并解释原因。

（2）醇解反应

① 酰氯的醇解。在干燥的试管中加入 1mL 无水乙醇，将试管置于冷水浴中，边振摇边沿试管壁缓慢加 1mL 乙酰氯，观察反应剧烈程度。待试管冷却后，再加入 3mL 饱和碳酸钠溶液中和，当溶液出现明显的分层后，嗅其气味，有无酯的特殊香味？写出有关化学反应式。

酰氯的醇解反应

② 酸酐的醇解。在干燥的试管中加入 1mL 无水乙醇和 1mL 乙酸酐，混匀后再加入 3 滴浓硫酸，小心加热至微沸，冷却后，向其中缓慢滴加 3mL 饱和碳酸钠溶液至分层清晰，是否闻到酯的特殊香味？写出有关化学反应式。

酸酐的醇解反应

四、注意事项

① 实验操作所用试管比较多，为便于区别请把试管编码。

② 乙酰氯的水解反应非常剧烈，请在通风柜中进行，并且添加试剂时小心缓慢添加。

③ 银镜反应中，试管必须洗干净，否则效果不明显。

④ 为了节约时间，可以在实验开始时用电热套加热一小烧杯水，用于实验过程的水浴加热和沸水加热。

五、课后作业

1. 扫一扫

扫一扫二维码，测试"鉴定羧酸及其衍生物的化学性质"的学习效果。

练一练，测一测

2. 思考题

① 甲酸能发生银镜反应，其他羧酸有此化学性质吗？为什么？

② 甲酸具有还原性，能够与托伦试剂和斐林试剂反应，为什么在上述两种试剂中，直接滴加甲酸却难以成功？应该采用什么措施才能够使反应顺利进行？

③ 酯化反应时，为什么加入饱和碳酸钠后，溶液才出现分层？乙酸乙酯在哪一层？

④ 在碱性介质中，酯的水解速率较快，为什么？

⑤ 根据实验中观察到的现象，比较并排列羧酸衍生物的反应活性顺序。

⑥ 在制备肥皂时，加入食盐的作用是什么？并说明原理。

任务 10

鉴定含氮化合物的化学性质

【学习目标】

1. **知识目标**
   ① 掌握胺的化学反应机理。
   ② 掌握苯胺的化学反应机理。
   ③ 掌握尿素的化学反应机理。

2. **技能目标**
   ① 学会鉴别和检验胺。
   ② 学会鉴别和检验苯胺。
   ③ 学会鉴别和检验尿素。

3. **素养目标**
   ① 具备安全环保意识。
   ② 具备团结合作精神。

一、任务准备

1. 胺的碱性

胺是一类具有碱性的有机化合物。六个碳以下的胺能与水混溶，其水溶液可使 pH 试纸呈碱性反应，这是检验胺类的简便方法之一，也是鉴定胺类的重要依据。

含氮化合物的
性质概述

胺能与无机酸反应生成水溶性的盐，所以不溶于水的胺可溶于强酸溶液中。胺是弱碱，在其盐溶液中加入强碱时，胺又游离出来，利用这一化学性质，可将胺从混合物中分离出来。反应式如下：

$$\underset{\text{苯胺(不溶于水)}}{\text{C}_6\text{H}_5\text{NH}_2} + \text{HCl} \longrightarrow \underset{\text{苯胺盐酸盐}}{\text{C}_6\text{H}_5\text{NH}_2 \cdot \text{HCl}}$$

$$\underset{}{\text{C}_6\text{H}_5\text{NH}_2 \cdot \text{HCl}} + \text{NaOH} \longrightarrow \text{C}_6\text{H}_5\text{NH}_2 + \text{NaCl} + \text{H}_2\text{O}$$

2. 酰化反应

胺能与酰氯或酸酐反应生成酰胺。伯胺与苯磺酰氯作用生成的磺酸胺，因氨原子上有酸性氢原子，所以能溶解在氢氧化钠溶液中。反应式如下：

$$RNH_2 + \text{苯磺酰氯} \longrightarrow \text{苯磺酰胺(不溶于水)} + HCl$$

伯胺　　苯磺酰氯　　苯磺酰胺(不溶于水)

$$\text{苯磺酰胺} + NaOH \longrightarrow \text{(可溶性盐)} + H_2O$$

（可溶性盐）

仲胺与苯磺酰氯作用生成的磺酰胺不溶于氢氧化钠溶液，呈沉淀析出。反应式如下：

$$R_2NH + \text{苯磺酰氯} \longrightarrow \xrightarrow{NaOH} \text{不溶}$$

仲胺　　苯磺酰氯

叔胺分子中，因为氮原子上没有氢原子，不能发生酰化反应。利用这一化学性质，可鉴别伯、仲、叔三级胺。

3. 与亚硝酸的反应

胺类可与亚硝酸发生反应，不同结构的胺反应现象也不相同。脂肪族伯胺与亚硝酸作用生成相应的醇，同时放出氮气。反应式如下：

$$RNH_2 + HNO_2 \longrightarrow ROH + N_2\uparrow + H_2O$$

芳香族伯胺与亚硝酸在低温下作用生成重氮盐，重氮盐与 β-萘酚发生偶联反应生成橙红色的染料。反应式如下：

$$\text{苯胺} + HNO_2 \xrightarrow{HCl} \text{重氮苯盐酸盐}$$

重氮苯盐酸盐

$$\text{重氮苯盐酸盐} + \beta\text{-萘酚} \longrightarrow \text{(橙红色染料)}$$

β-萘酚　　　　　（橙红色染料）

仲胺与亚硝酸作用生成黄色的亚硝基化合物（油状物或固体）。反应式如下：

$$\text{N-甲基苯胺(仲胺)} + HNO_2 \longrightarrow \text{N-亚硝基-N-甲基苯胺(黄色)} + H_2O$$

N-甲基苯胺(仲胺)　　　　　N-亚硝基-N-甲基苯胺(黄色)

芳香族叔胺与亚硝酸作用发生环上取代反应，生成绿色沉淀。反应式如下：

$$\text{N,N-二甲基苯胺(叔胺)} + HNO_2 \longrightarrow \text{对亚硝基-N,N-二甲基苯胺(绿色晶体)} + H_2O$$

N,N-二甲基苯胺(叔胺)　　　　　对亚硝基-N,N-二甲基苯胺(绿色晶体)

脂肪族叔胺与亚硝酸发生酸碱中和反应，生成可溶性的盐，没有明显的现象变化。

胺类与亚硝酸的反应不仅可用作伯、仲、叔胺的鉴别，还可用于区别脂肪族和芳香族伯胺、脂肪族和芳香族叔胺。

4. 苯胺的特殊反应

苯胺是重要的芳胺。由于氨基对苯环的影响，苯胺具有一些特殊的化学性质。如容易与溴水作用生成 2,4,6-三溴苯胺白色沉淀。反应式如下：

$$\text{苯胺} + 3Br_2 \xrightarrow{H_2O} \text{2,4,6-三溴苯胺} \downarrow + 3HBr$$

2,4,6-三溴苯胺

此反应灵敏度高，现象明显，可用来鉴定苯胺。苯酚也能发生同样反应，可通过检验酸碱性或用氯化铁溶液加以区别。

苯胺非常容易被氧化，会被空气中的氧氧化成红棕色。

苯胺与漂白粉作用显紫色，与重铬酸钾的硫酸溶液作用生成黑色的苯胺黑。这些反应都可用来鉴定苯胺。

5. 尿素的化学性质

尿素是碳酸的二酰胺 $\left(H_2N-\overset{\displaystyle O}{\overset{\|}{C}}-NH_2\right)$，具有弱碱性，可与浓硝酸作用，生成硝酸脲，也可与草酸作用生成草酸脲。反应式如下：

$$\underset{\text{尿素}}{H_2N-\overset{O}{\overset{\|}{C}}-NH_2} + HNO_3 \longrightarrow \underset{\text{硝酸脲}}{[H_2N-\overset{O}{\overset{\|}{C}}-NH_2]\cdot HNO_3}$$

$$\underset{\text{尿素}}{H_2N-\overset{O}{\overset{\|}{C}}-NH_2} + HOOC-COOH \longrightarrow \underset{\text{草酸脲}}{[H_2N-\overset{O}{\overset{\|}{C}}-NH_2]\cdot H_2C_2O_4}$$

硝酸脲和草酸脲都是难溶于水的脲盐，利用这一化学性质，可将尿素从混合物中分离出来。尿素也能与亚硝酸作用，放出氮气，反应可定量完成，因此常用于尿素含量的测定。反应式如下：

$$H_2N-\overset{O}{\overset{\|}{C}}-NH_2 + 2HNO_2 \longrightarrow [HO-\overset{O}{\overset{\|}{C}}-OH] + 2N_2\uparrow + 2H_2O$$
$$\downarrow$$
$$CO_2\uparrow + H_2O$$

此外，尿素在受热时可发生缩合反应，生成二缩脲。反应式如下：

$$2H_2N-\overset{O}{\overset{\|}{C}}-NH_2 \xrightarrow{\triangle} H_2N-\overset{O}{\overset{\|}{C}}-NH-\overset{O}{\overset{\|}{C}}-NH_2 + NH_3$$

二缩脲与稀硫酸铜溶液在碱性介质中发生颜色反应，产生紫红色，可用于尿素的鉴定。

二、仪器设备与试剂

1. 仪器设备

酒精灯、三脚架、石棉网玻璃棒、烧杯、试管、塞子。

2. 试剂

亚硝酸钠（25%）、饱和尿素、氢氧化钠（10%）、红色石蕊试纸、硫酸（3mol/L）、饱和草酸、盐酸（6mol/L）、漂白粉、硫酸铜（2%）、甲基苯胺、饱和重铬酸钾、苯磺酰氯、饱和溴水、异戊胺、二乙胺、尿素、苯胺、浓硝酸、N-甲基苯胺、N,N-二甲基苯胺、淀粉-碘化钾试纸、pH 试纸、三乙胺、浓盐酸。

三、任务实施

1. 胺的碱性

① 在 3 支试管中各加入 1mL 蒸馏水，再分别加入 2 滴异戊胺、二乙胺、三乙胺。振摇后用 pH 试纸检验其酸碱性。

② 在试管中加入 2 滴苯胺和 1mL 蒸馏水，振摇，观察其是否溶解。向试管中滴加 6mol/L 盐酸溶液，边滴加边振摇，有什么现象发生？再向其中滴加 10%氢氧化钠溶液，直至溶液呈碱性，又发生了什么变化？

记录上述实验过程中的现象变化并解释原因。

胺的碱性比较

2. 酰化反应

在 3 支编码试管中分别加入 0.5mL 苯胺、N-甲基苯胺、N,N-二甲基苯胺，再各加入 3mL 10%氢氧化钠溶液和 0.5mL 苯磺酰氯，配上塞子，用力振摇 3～5min。取下塞子在水浴中温热并继续振摇 2min。冷却后用 pH 试纸检验溶液，若不呈碱性，可再加入几滴 10%氢氧化钠溶液。

① 在有沉淀析出的试管中加入 1mL 水稀释。振摇后沉淀不溶解，表明为仲胺。

② 在无沉淀析出（或经稀释后沉淀溶解）的试管中，缓慢滴加 6mol/L 盐酸溶液至呈酸性，此时若有沉淀析出，表明为伯胺。

③ 试验过程中无明显现象变化者为叔胺。

苯胺的碱性

胺的酰化反应

3. 与亚硝酸的反应

在 5 支编码试管中各加入 1mL 浓盐酸和 2mL 水，再分别加入 0.5mL 异戊胺、三乙胺、苯胺、N-甲基苯胺、N,N-二甲基苯胺。将试管放入冰-水浴中冷却至 0～5℃，在振摇下缓慢滴加 25%亚硝酸钠溶液，直至混合液使淀粉碘化钾试纸变蓝为止。观察并记录实验现象。

① 若试管中冒出大量气泡，表明为脂肪族伯胺。

② 若溶液中有黄色固体（或油状物）析出，滴加碱液不变化的为仲胺。

③ 若溶液中有黄色固体析出，滴加碱液时固体转为绿色的为芳香族叔胺。

④ 向其余两支试管中滴加 β-萘酚溶液，有橙红色染料生成的为芳香族伯胺。另一支试管中则为脂肪族叔胺。

胺与亚硝酸反应

4. 苯胺与溴水反应

在试管中加入 4mL 水和 1 滴苯胺，振摇后滴加饱和溴水。发生了什么变化？记录现象并写出相关的化学反应式。

苯胺与溴水反应

5. 苯胺的氧化反应

在 2 支试管中各加入 2mL 水和 1 滴苯胺，向其中 1 支试管中加入 3 滴

苯胺的氧化反应

新配制的漂白粉溶液，观察试管中溶液颜色的变化。

向另一支试管中加入 3 滴饱和重铬酸钾溶液和 6 滴 3mol/L 硫酸溶液，振摇后观察溶液颜色的变化。记录上述实验现象并说明发生了什么反应。

6. 尿素的弱碱性

① 与硝酸反应。在试管中加入 1mL 浓硝酸，沿试管壁小心滴入 1mL 饱和尿素溶液，观察现象，再振摇试管。发生了什么变化？

② 与草酸反应。在试管中加入 1mL 饱和草酸溶液和 1mL 饱和尿素溶液，振摇后观察现象。记录上述实验现象并说明尿素的化学性质。

尿素的碱性

7. 尿素的缩合反应

在干燥的试管中加入 0.3g 尿素。先用小火加热，观察现象。继续加热并用润湿的红色石蕊试纸在试管口检验，发生了什么现象？有什么物质生成？熔融物逐渐变稠，最后凝结成白色固体。待试管稍冷却后加入 2mL 热水，用玻璃棒搅拌后将上层液体转移到另一支试管中，向其中加入 3 滴 10% 氢氧化钠溶液和 1 滴 2% 硫酸铜溶液，观察溶液颜色的变化。记录实验现象。

尿素的缩合反应

四、注意事项

① 苯甲酰氯易挥发并有刺激性气味，使用时操作应迅速，并避免吸入其蒸气。

② 苯胺有毒，可透过皮肤吸收引起人体中毒，注意不可直接与皮肤接触。

③ 芳伯胺与亚硝酸生成重氮盐的反应以及重氮盐与 β-萘酚的偶联反应均需在低温下进行，试验过程中试管始终不能离开冰-水浴。

五、课后作业

1. 扫一扫

扫一扫二维码，测试"鉴定含氮化合物的化学性质"的学习效果。

练一练，测一测

2. 思考题

① 比较苯胺和二苯胺的碱性强弱。

② 如何区别脂肪族与芳香族伯胺？

③ 如何区别脂肪族与芳香族叔胺？

④ 可用什么简便方法鉴别苯胺与苯酚？

⑤ 如何说明尿素具有弱碱性？

⑥ 对甲苯酚中混有苯胺，如何将其分离出来并回收？

⑦ 三乙胺中混有少量 N-甲基苯胺，如何将其分离除去？

模块 4

综合实训

任务 1
制备β-萘乙醚

【学习目标】

1. **知识目标**

   ① 掌握威廉逊法制备混醚的原理。

   ② 了解定香剂在香料工业中的应用及意义。

2. **技能目标**

   ① 学会制备β-萘乙醚的方法。

   ② 熟练使用普通回流装置和减压过滤装置。

   ③ 熟练应用重结晶操作技术和冰-水冷却方法。

3. **素养目标**

   ① 具备规范操作和安全环保理念。

   ② 具备团队合作、实事求是、严肃认真的科学态度。

一、任务准备

日常生活中经常使用的香水、化妆品中都含有各种各样的香料。有些香料虽然香气宜人，但却容易挥发，放置时间稍长香味就会消失。这时需加入某种能减缓其挥发速度，使产品在较长时间内保持香气的物质，这种物质称为定香剂。

β-萘乙醚就是这样一种定香剂。由于其稀溶液具有类似橙花和洋槐花香味，并伴有甜味和草莓、菠萝的芳香，所以又称橙花醚。它是白色片状晶体，熔点为37℃，沸点为281℃，不溶于水，易溶于醇、醚等有机溶剂。常用作玫瑰香、薰衣草香和柠檬香等香精的定香剂，也广泛用作肥皂中的香料。

β-萘乙醚
的制备原理

采用威廉逊合成β-萘乙醚，即用β-萘酚钠和溴乙烷在乙醇中反应制备。反应式如下：

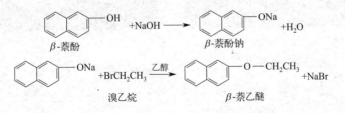

二、仪器设备与试剂

1. 仪器设备

烧杯（200mL、100mL）、循环水真空泵、抽滤瓶、布氏漏斗、圆底烧瓶（100mL）、电热套、锥形瓶（100mL）、球形冷凝管、表面皿。

β-萘乙醚的制备
仪器与试剂

2. 试剂

乙醇（95%）、氢氧化钠、无水乙醇、β-萘酚、溴乙烷。

三、任务实施

1. 合成粗产物（威廉逊合成）

① 添加反应物料。在干燥的 100mL 圆底烧瓶中，加入 5g β-萘酚、30mL 无水乙醇和 2g 研细的固体氢氧化钠（或者氢氧化钾），振摇下加入 3.2mL 溴乙烷。

② 组装反应装置。如图 4-1 所示，先定好热源，再按照从左至右、从下至上的先后顺序组装反应装置。把添加好物料的圆底烧瓶放入电热套中，安装好球形冷凝管，并用铁夹固定。按照"下进上出"的规则，用乳胶管接通冷却水。

β-萘乙醚的制备：威廉逊合成

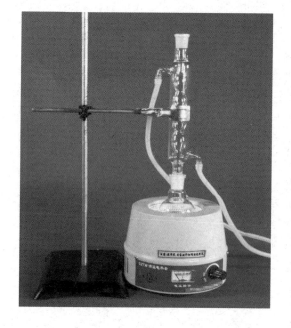

图 4-1 β-萘乙醚反应装置

图 4-2 回流装置

③ 加热反应。接通电热套的电源，调节电压，加热、反应、回流，保持反应物料微沸、回流 1.5h。

④ 拆除反应装置。关闭加热套的电源，停止加热。稍冷后，按照安装的相反顺序拆除反应装置。停通冷却水，取下乳胶管，放出乳胶管和球形冷凝管中的冷却水。拆除球形冷凝管、圆底烧瓶、电热套和铁架台，装置恢复原状。

2. 分离粗产物

① 冷却结晶。取 500 mL 烧杯，分别加入 150g 左右的冰块和冷水，配制冰-水冷却剂。再取干净的 200mL 烧杯，并加入 150mL 冷水。搅拌下，把反应好的物料倒入该烧杯中，并放入冰-水冷却剂中进行冰-水冷却结晶，静置。

② 减压过滤。待 β-萘乙醚粗产物结晶完毕，先把圆形滤纸放入布氏漏斗中，用水湿润，再把布氏漏斗插入抽滤瓶中，用乳胶管连接抽滤瓶和循环水真空泵的抽滤嘴，启动循环水真空泵进行减压过滤，用 20mL 冷水分两次洗涤烧杯壁上的残留晶体，一起减压过滤。减压过滤完毕，抽出布氏漏斗，关闭循环水真空泵，倒出滤液，清洗抽滤瓶。

β-萘乙醚的制备：结晶与分离

3. 重结晶提纯

① 收集粗产物。把 β-萘乙醚滤饼收集于圆底烧瓶中，并加入 20mL 95％乙醇溶液。

② 组装回流装置。如图 4-2 所示，定好电热套和铁架台的位置，调整铁夹高度；把一个 500mL 烧杯放入电热套内，再把添加好 β-萘乙醚的圆底烧瓶放入 500mL 烧杯中，用铁夹固定；安装球形冷凝管，并用铁夹固定；往 500mL 烧杯中注水，高度以高于 β-萘乙醚物料 1cm 左右为宜；最后按照"下进上出"的规则，用乳胶管接通冷却水。

③ 加热回流。接通电热套的电源，调节电压，加热、回流，保持 β-萘乙醚物料微沸、回流 5min。

④ 拆除回流装置。关闭加热套的电源，停止加热。稍冷后，按照安装的相反顺序拆除回流装置。停通冷却水，取下乳胶管，放出乳胶管和球形冷凝管中的冷却水。拆除球形冷凝管、圆底烧瓶、烧杯、电热套和铁架台，装置恢复原状。

β-萘乙醚的制备：重结晶提纯

⑤ 冷却结晶。趁热，把圆底烧瓶中的 β-萘乙醚物料倒入干净的 100mL 烧杯中，并置于冰-水冷却剂中进行冰-水冷却结晶，静置。

⑥ 减压过滤。待 β-萘乙醚晶体析出完毕，把圆形滤纸放入布氏漏斗中，用水湿润，再把布氏漏斗插入抽滤瓶中，用乳胶管连接抽滤瓶和循环水真空泵的抽滤嘴，启动循环水真空泵进行减压过滤，减压过滤完毕，抽出布氏漏斗，关闭循环水真空泵，倒出滤液，清洗抽滤瓶。

⑦ 收集产品，干燥称量。把滤饼移至干燥的表面皿或者滤纸上，自然晾干后即可得到 β-萘乙醚产品，称量质量，并计算产率。

四、注意事项

① 溴乙烷与 β-萘酚都是有毒物品，应避免吸入其蒸气或者直接与皮肤接触。
② 反应温度不宜太高，保持微沸即可，否则溴乙烷逸出。

五、课后作业

1. 扫一扫

扫一扫二维码，测试"制备 β-萘乙醚"的学习效果。

2. 思考题

① 威廉逊合成反应为什么要使用干燥的玻璃仪器？否则会增加何种副产物的生成？

② 可否用乙醇和 β-溴萘制备 β-萘乙醚？为什么？

③ 本实训中，加入的无水乙醇起什么作用？

任务 2
制备乙酸异戊酯

【学习目标】

1. 知识目标
① 掌握酯化反应原理。
② 了解酯化反应在有机化学中的应用及意义。

2. 技能目标
① 掌握制备乙酸异戊酯的方法。
② 掌握带有分水器的回流装置的组装、拆卸和应用。
③ 掌握分液漏斗的使用方法。
④ 掌握普通蒸馏装置的组装、拆卸和使用。
⑤ 学会通过蒸馏的方法提纯有机化合物的操作技术。
⑥ 学会使用干燥剂干燥有机化合物。

3. 素养目标
① 具备规范操作和安全环保理念。
② 培养团队合作、实事求是、严肃认真的科学态度。

一、任务准备

当蜜蜂面对入侵者时，就会反攻，而且会群起而攻之！是什么原因让蜜蜂集体行动呢？是它们闻到了一种气味，也就是蜜蜂的信息素。当一只蜜蜂叮刺入侵者时，就会随毒汁分泌出信息素，是信息素让其他的蜜蜂能瞬间赶过来，一起保护它们的家园。而这种信息素最主要的成分就是乙酸异戊酯。

乙酸异戊酯
的制备原理

乙酸异戊酯是一种香精，而且具有令人愉快的香蕉气味，所以又称为香蕉油，是无色的、透明的、易燃的液体，沸点为142℃，不溶于水，易溶于醇、醚等有机溶剂。酯类有机化合物广泛分布于自然界中，花果的芳香气味大多数是由于酯的存在。

乙酸异戊酯是如何制备出来的呢？它是用冰醋酸和异戊醇，在浓硫酸的催化下发生酯化反应来制备的。反应式如下：

$$CH_3C\overset{O}{}\!\!-OH + HO-CH_2CH_2CHCH_3 \underset{\triangle}{\overset{H^+}{\rightleftharpoons}} CH_3C\overset{O}{}\!\!-OCH_2CH_2CHCH_3 + H_2O$$

    冰醋酸   异戊醇   乙酸异戊酯

由于酯化反应是可逆反应，所以为了提高产率，我们在反应合成时，采用了两种技术。一种是加入了过量的反应物，使成本低的反应物过量，即加入过量的冰醋酸。另一种是采用了带有分水器的回流装置，使反应中生成的水被及时分出，以破坏平衡，使反应向正方向进行。

在精制、提纯乙酸异戊酯产品时，对于反应混合物中的催化剂硫酸、过量的醋酸，以及未反应完全的异戊醇，可以在清水洗涤中除去；由于醋酸和硫酸溶于水，所以，对于残余的酸，也可以用碳酸氢钠中和除去；对于副产物醚类，由于其沸点与乙酸异戊酯相差较大，可蒸馏除去。

二、仪器设备与试剂

1. 仪器设备

铁架台、温度计、电热套、锥形瓶、直形冷凝管、球形冷凝管、圆底烧瓶、蒸馏烧瓶、分液漏斗、普通漏斗、烧杯等。

乙酸异戊酯的
制备仪器与药品

2. 试剂及其他

10％碳酸氢钠、饱和氯化钠、浓硫酸、异戊醇、冰醋酸、无水硫酸镁、沸石等。

三、任务实施

1. 合成粗产物（酯化反应）

① 添加反应物料。在干燥的 100mL 圆底烧瓶中加入 18mL 异戊醇、24mL 冰醋酸，振摇下缓慢加入 3～4 滴浓硫酸（浓硫酸绝对不能加多），再加入 5 粒沸石。

乙酸异戊酯的
制备：酯化反应

② 组装反应装置。如图 4-3 所示，定好电热套和铁架台的位置，调整铁夹高度；把添加好反应物料的圆底烧瓶放入电热套中，用铁夹固定；分别把分水器和球形冷凝管安装好，并用铁夹把球形冷凝管固定，用普通漏斗反向往分水器中充水，充水高度比支管口低 1cm 左右；最后按照"下进上出"的规则，用乳胶管接通冷却水。

③ 加热反应。接通电热套电源，调节加热电压，加热反应回流，记录反应初始时间。

反应回流一段时间后，分水器中的水位会缓慢上升。这时，分水器中的液体会有明显的分层，由于乙酸异戊酯、异戊醇等有机物的密度小于水，所以上层为蒸馏出来的乙酸异戊酯和少量的异戊醇，注意：上层液体应该返回圆底烧瓶；下层为反应前添加的水、蒸馏出来的反应生成的水和少量的醋酸。当分水器中的下层液体上升至支管口时，应及时、小心、缓慢地打开放水夹放出下层液体，注意放液量应该保持分水器中的下层液体在原来的高度，也就是下层液体的高度比分水器的支管口低 1cm 左右。

当分水器中的下层液体不再增加时，反应结束，时间约为 45min。

④ 拆除反应装置。关闭电热套加热电源，停止加热。稍冷后，停通冷却水。按照安装的相反顺序，先拆除乳胶管，排出乳胶管和球形冷凝管内的冷却水，再拆除球形冷凝管、分水器、圆底烧瓶、电热套和铁架台，把分水器中的液体回收至圆底烧瓶中，装置恢复原状。

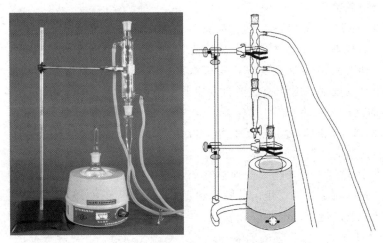

图 4-3 乙酸异戊酯的反应装置

2. 洗涤分离粗产物

① 防渗漏处理分液漏斗。关闭旋塞，往分液漏斗中加入清水，观察旋塞两端有无渗漏现象；再打开旋塞，观看清水能否畅通流下，然后，盖上顶塞，用手掌抵住，倒置分液漏斗，检查其密封性。如果分液漏斗没有渗漏，并且密封性好，则直接进行洗涤操作。如果分液漏斗有渗漏，则用凡士林进行密封处理。

必须在确保分液漏斗旋塞关闭时严密、旋塞开启后畅通的情况下才可以进行洗涤操作，操作前必须关闭旋塞。

乙酸异戊酯的制备：洗涤与干燥

② 用清水洗涤。待圆底烧瓶中的物料冷却至常温后，将其倒入分液漏斗中，用 30mL 冷水淋洗烧瓶内壁，洗涤液并入分液漏斗中。取下分流漏斗，充分振摇后，放入铁圈中，打开分液漏斗顶塞，静置，当液面间的界线分层清晰后，缓慢旋开旋塞，分去下层液体。

③ 用碳酸氢钠洗涤。往分液漏斗中加入 10mL 10% 的碳酸氢钠溶液，取下分流漏斗，充分振摇后，放入铁圈中，打开分液漏斗顶塞，静置，当液面间的界线分层清晰后，缓慢旋开旋塞，分去下层液体。注意：用碳酸氢钠洗涤时，振摇后，要及时打开分液漏斗的旋塞排气。否则，碳酸氢钠和未反应完全的醋酸反应，会生成的大量二氧化碳把分液漏斗的顶塞冲开，造成产品浪费或者伤着其他同学。用同样的方法，再加 10mL 10% 的碳酸氢钠溶液洗涤一次。

④ 用饱和氯化钠洗涤。用同样的方法，再加 10mL 饱和氯化钠溶液洗涤一次，分去下层液体，上层有机物由分液漏斗的上口倒入干燥的锥形瓶中。

⑤ 防粘牢处理分液漏斗。取下分液漏斗的顶塞、旋塞，并用滤纸擦去顶塞、顶塞孔、旋塞和旋塞孔中的水分，分别垫上纸条，以防久置粘牢。

3. 干燥水分

往盛有粗产物的锥形瓶中，按比例（10mL 液体有机化合物添加 0.5～1g 干燥剂）加入无水硫酸镁，配上塞子，振摇至液体澄清透明，静置 10min。

4. 蒸馏提纯

① 收集粗产物。把干燥好的粗产物小心地滤入蒸馏烧瓶中，加入 5 粒沸石。注意硫酸

镁不能倾入蒸馏烧瓶中。

② 组装蒸馏装置。定好电热套和铁架台的位置，调整铁夹高度；把收集好粗产物的蒸馏烧瓶放入电热套中，用铁夹固定；分别把温度计、直形冷凝管、尾接管和产品接收器安装好，并用铁夹把直形冷凝管固定；最后按照"下进上出"的规则，用乳胶管接通冷却水。

乙酸异戊酯
的制备：蒸馏

③ 加热蒸馏。接通电热套的电源，调节电压，加热、蒸馏，用干燥的锥形瓶收集 $134 \sim 142 ℃$ 的馏分。蒸馏完毕，收集产品乙酸异戊酯。注意加热蒸馏时，不能把蒸馏烧瓶内的液体全部蒸干！

④ 拆除蒸馏装置。关闭电热套的加热电源，停止加热。稍冷后，停通冷却水。按照安装的相反顺序，先拆除乳胶管，排出乳胶管和直形冷凝管内的冷却水，再拆除尾接管、直形冷凝管、温度计、蒸馏烧瓶、电热套和铁架台，装置恢复原状。

⑤ 称量，计算产率。把收集的乙酸异戊酯产品进行称量，并计算产品的产率。

四、注意事项

① 安装带有分水器的回流装置时，应十分小心，圆底烧瓶和球形冷凝管必须要用铁夹子固定。

② 用碳酸氢钠洗涤粗产物时，必须及时打开旋塞排气，而且不能对着自己和他人。放液时，必须先打开顶塞。

③ 分水器内装入水不能太多，而且要注意不能流回圆底烧瓶内。

④ 乙酸异戊酯易燃，小心着火。

⑤ 精制乙酸异戊酯时，硫酸镁绝对不能倒入蒸馏烧瓶内，否则与硫酸镁结晶的水会随着乙酸异戊酯蒸馏出来。

五、课后作业

练一练，测一测

1. 扫一扫

扫一扫二维码，测试"制备乙酸异戊酯"的学习效果。

2. 思考题

① 制备乙酸异戊酯时，回流装置和蒸馏装置为什么要使用干燥的仪器？

② 用碳酸氢钠洗涤时，为什么会有大量的二氧化碳气体产生？

③ 用分液漏斗进行洗涤操作时，粗产物始终在哪一层？为什么？

④ 反应时，从分水器中放出液体的量最多有多少？

⑤ 有部分同学操作时，加热温度较高，导致反应物料变黑的原因是什么？

任务 3
制备 1-溴丁烷

【学习目标】

1. **知识目标**
   ① 掌握由醇制备溴代烷的原理。
   ② 了解 1-溴丁烷在有机化学中的应用及意义。

2. **技能目标**
   ① 掌握制备 1-溴丁烷的方法。
   ② 熟练操作带有气体回收装置的回流装置的组装、拆卸和应用。
   ③ 熟练操作普通蒸馏装置的组装、拆卸和应用。
   ④ 熟练使用干燥剂干燥有机化合物。
   ⑤ 熟练使用普通蒸馏装置回收和提纯有机化合物的操作技术。

3. **素养目标**
   ① 具备规范操作和安全环保理念。
   ② 具备团队合作、实事求是、严肃认真的科学态度。

一、任务准备

1-溴丁烷也称正溴丁烷，是无色透明液体，沸点 101.6℃，不溶于水，易溶于醇、醚等有机溶剂。是麻醉药盐酸丁卡因的中间体，常用作烷基化试剂、稀有元素萃取剂，也可用于有机合成，生产染料和香料。采用正丁醇与氢溴酸在硫酸催化下发生反应生成 1-溴丁烷。

1-溴丁烷的
制备原理

主反应：

$$NaBr + H_2SO_4 \longrightarrow HBr + NaHSO_4$$

$$\underset{\text{正丁醇}}{CH_3CH_2CH_2CH_2OH} + HBr \underset{\triangle}{\overset{H^+}{\rightleftharpoons}} \underset{\text{1-溴丁烷}}{CH_3CH_2CH_2CH_2Br} + H_2O$$

副反应：

$$CH_3CH_2CH_2CH_2OH \underset{\triangle}{\overset{\text{浓 } H_2SO_4}{\rightleftharpoons}} CH_3CH_2CH\!=\!\!=\!CH_2 + H_2O$$

$$2CH_3CH_2CH_2CH_2OH \underset{\triangle}{\overset{\text{浓 } H_2SO_4}{\rightleftharpoons}} CH_3CH_2CH_2CH_2OCH_2CH_2CH_3 + H_2O$$

$$2HBr + H_2SO_4 \overset{\triangle}{\longrightarrow} Br_2 + SO_2\!\uparrow + 2H_2O$$

1-溴丁烷的相对密度为 1.2758，正丁醇的相对密度为 0.81，10％碳酸钠的相对密度为
1.1029，浓硫酸的相对密度为 1.8342，水的相对密度为 1.00。

　　正丁醇与氢溴酸的反应是可逆的，为使化学平衡向右移动，提高产率，本实训中增加了
溴化钠和硫酸用量，以使反应物之一氢溴酸过量来加速正反应的进行。反应结束后，利用蒸
馏的方法把粗产物从反应混合液中蒸馏分离，副产物硫酸氢钠及过量的硫酸则留在残液中。
粗产物中含有未反应完全的正丁醇、氢溴酸及副产物异戊醚等，可通过洗涤和蒸馏分离
除去。

二、仪器设备与试剂

1. 仪器设备

　　铁架台、电热套、圆底烧瓶、球形冷凝管、门形弯管、普通漏斗、蒸
馏烧瓶、温度计、75°弯管、直形冷凝管、尾接管、锥形瓶、分液漏斗、
100mL 烧杯、500mL 烧杯、台秤等。

2. 试剂及其他

　　正丁醇、浓硫酸、溴化钠、10％碳酸钠、无水氯化钙、沸石。

1-溴丁烷的制
备仪器与药品

三、任务实施

1. 合成粗产物

　　① 添加反应物料。在干净的 100mL 圆底烧瓶中加入 30mL 3∶2 的稀硫
酸溶液（或者先加入 12mL 水和 18mL 浓硫酸，再置于冰-水冷却剂中冷却
至室温以下），再加入 13mL 正丁醇，混匀后再加入 17g 研细的溴化钠和 5
粒沸石，充分振摇后，快速组装反应装置。

1-溴丁烷的制
备：反应合成

　　② 组装反应装置。如图 4-4 所示，先定好热源，再按照从左至右、从
下至上的先后顺序组装反应装置。定好电热套和铁架台的位置，调整铁夹的高度，把添加好
反应物料的圆底烧瓶放入电热套中，安装好球形冷凝管和门形弯管，并用铁夹固定球形冷凝
管，用乳胶管连接门形弯管和普通漏斗。取 500mL 烧杯，并加入适量的水（或者氢氧化钠
稀溶液）作吸收液，把普通漏斗放入烧杯中，用玻璃棒支撑普通漏斗，使普通漏斗与吸收液
液面留有缝隙，不能让普通漏斗完全浸没于吸收液中。最后，按照"下进上出"的规则，用
乳胶管接通冷却水。

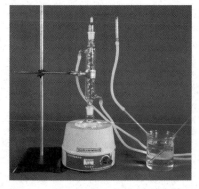
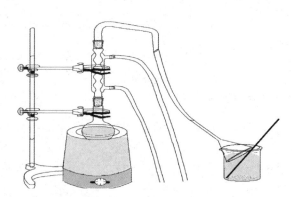

图 4-4　1-溴丁烷反应装置

③ 加热反应。接通电热套的电源，调节电压，缓慢升温，加热、反应、回流，控制反应物料呈微沸状态。反应过程中，为防止溴化钠结块，应该一手抓铁架台，一手抓圆底烧瓶，使圆底烧瓶脱离电热套后振摇多次，直至溴化钠完全溶解。从第一滴回流液落入反应器中开始计时，反应、回流1h。

④ 拆除气体吸收装置。反应完毕，关闭电热套的电源，停止加热。稍冷后，停通冷却水，取下乳胶管，放出乳胶管和球形冷凝管中的冷却水。移走装入吸收液的烧杯，拆下普通漏斗、乳胶管、门形弯管和球形冷凝管。

2. 粗制蒸馏粗产物

① 组装蒸馏装置。往圆底烧瓶中补加几粒沸石，用75°弯管代替蒸馏头组装蒸馏装置。先安装75°弯管，再安装直形冷凝管、尾接管和接收器，并用铁夹固定直形冷凝管，最后按照"下进上出"的规则，用乳胶管接通冷却水，如图4-5所示。

1-溴丁烷的制备：粗制蒸馏

② 加热蒸馏。接通电热套的电源，调节电压，加热、蒸馏，用锥形瓶接收馏出液。当圆底烧瓶内的油层消失，接收器锥形瓶中不再有油珠落下时，关闭电热套的加热电源，停止蒸馏。

③ 拆除蒸馏装置。稍冷后，停通冷却水，取下乳胶管，放出乳胶管和直形冷凝管中的冷却水，移走接收器锥形瓶，拆下尾接管、直形冷凝管、75°弯管、圆底烧瓶、电热套和铁架台。圆底烧瓶中的残液应趁热倒入废液缸中。

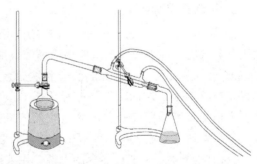

图 4-5　粗产物蒸馏装置

3. 洗涤分离粗产物

① 防渗漏处理分液漏斗。关闭旋塞，往分液漏斗中加入清水，观察旋塞两端有无渗漏现象；再打开旋塞，观察清水能否畅通流下，然后，盖上顶塞，用手掌抵住，倒置分液漏斗，检查其密封性。如果分液漏斗没有渗漏，并且密封性好，则直接进行洗涤操作。如果分液漏斗有渗漏，则用凡士林进行密封处理。

必须在确保分液漏斗旋塞关闭时严密、旋塞开启后畅通的情况下才可以进行洗涤操作，操作前必须关闭旋塞。

② 用水洗涤。把锥形瓶中的粗产物1-溴丁烷倒入分液漏斗中，加入15mL水，取下分流漏斗，充分振摇后，放入铁圈中，打开分液漏斗的顶塞，静置。用小烧杯接收下层液体。当液面间的界线分层清晰后，缓慢旋开旋塞，小心地将下层粗产物1-溴丁烷放入小烧杯中。

注意，1-溴丁烷的密度大于水，所以下层才是我们的产品，上层为水层，回收至废液桶中。

③ 用浓硫酸洗涤。在不断振摇下，向盛有粗产物 1-溴丁烷的小烧杯中滴加 3～5mL 浓硫酸，再轻摇小烧杯。当小烧杯中的溶液明显分层，并且上层溶液澄清透明，把此混合液倒入分液漏斗中，静置。用小烧杯接收下层液体。当液面间的界线分层清晰后，缓慢旋开旋塞，小心地分去下层的酸液。

注意，硫酸的密度大于 1-溴丁烷，所以上层才是我们的产品，下层为硫酸层，回收至废液桶中。

④ 用水洗涤。同样的洗涤方法，往分液漏斗中加入 10mL 水洗涤粗产物 1-溴丁烷，并小心地将下层粗产物 1-溴丁烷放入小烧杯中。

⑤ 用碳酸钠洗涤。同样的洗涤方法，把粗产物 1-溴丁烷倒入分液漏斗中，再用 15mL 10％的碳酸钠溶液洗涤，并小心地将下层粗产物 1-溴丁烷放入小烧杯中。

⑥ 用水洗涤。同样的洗涤方法，把粗产物 1-溴丁烷倒入分液漏斗中，再用 10mL 水洗涤，并小心地将下层粗产物 1-溴丁烷放入锥形瓶中。

⑦ 防粘牢处理分液漏斗。取下分液漏斗的顶塞、旋塞，并用滤纸擦去顶塞、顶塞孔、旋塞和旋塞孔中的水分，分别垫上纸条，以防久置粘牢。

4. 干燥水分

往盛有粗产物的锥形瓶中，按比例（10mL 液体有机化合物添加 0.5～1g 干燥剂）加入无水氯化钙，配上塞子，充分振摇至液体变为澄清透明，再静置 15min。

5. 精制蒸馏提纯

① 收集粗产物。把干燥好的粗产物 1-溴丁烷小心地滤入蒸馏烧瓶中，加入 5 粒沸石。注意氯化钙不能倾入蒸馏烧瓶中。

② 组装蒸馏装置。定好电热套和铁架台的位置，调整铁夹高度；把收集好粗产物 1-溴丁烷的蒸馏烧瓶放入电热套中，用铁夹固定；分别把温度计、直形冷凝管、尾接管和产品接收器安装好，并用铁夹把直形冷凝管固定；最后按照"下进上出"的规则，用乳胶管接通冷却水。

1-溴丁烷的制备：精制蒸馏

③ 加热蒸馏。接通电热套的电源，调节电压，加热、蒸馏，用干燥的锥形瓶收集 99～103℃的馏分。蒸馏完毕，收集产品 1-溴丁烷。注意加热蒸馏时，不能把蒸馏烧瓶内的液体全部蒸干！

④ 拆除蒸馏装置。关闭电热套的加热电源，停止加热。稍冷后，停通冷却水。按照安装的相反顺序，先拆除乳胶管，排出乳胶管和直形冷凝管内的冷却水，再拆除尾接管、直形冷凝管、温度计、蒸馏烧瓶、电热套和铁架台，装置恢复原状。

⑤ 称量，计算产率。把收集的 1-溴丁烷产品进行称量，并计算产品的产率。

四、注意事项

① 安装反应合成装置时，应十分小心，圆底烧瓶和球形冷凝管必须要用铁夹子固定。

② 用碳酸钠洗涤粗产物时，必须及时打开旋塞排气，而且不能对着自己和他人。放液时，必须先打开顶塞。

③ 1-溴丁烷有毒，应小心与皮肤接触，如有接触应立即用清水冲洗。

五、课后作业

1. 扫一扫

扫一扫二维码，测试"制备 1-溴丁烷"的学习效果。

练一练，测一测

2. 思考题

① 加入物料时，是否可以先将溴化钠与硫酸混合，然后再加入正丁醇？为什么？

② 加热回流时，烧瓶内有时会出现红棕色，为什么？

③ 在用碳酸钠溶液洗涤粗产品之前，为什么要先用水洗？用碳酸钠溶液洗涤时，要特别注意什么问题？

④ 在本实训的气体吸收装置中，为什么可用稀氢氧化钠溶液作吸收液？

任务 4
制备阿司匹林

【学习目标】

1. 知识目标

① 掌握由乙酸酐酰化水杨酸来制备阿司匹林的原理。

② 掌握重结晶提纯阿司匹林的原理。

③ 了解阿司匹林在医药工业中的应用及功能。

2. 技能目标

① 学会组装、拆除和使用恒温水浴反应装置。

② 学会阿司匹林结晶的操作技巧。

③ 学会重结晶提纯阿司匹林的操作技术。

④ 熟练应用减压过滤操作技术。

3. 素养目标

① 具备规范操作和安全环保理念。

② 具备团队合作、实事求是、严肃认真的科学态度。

一、任务准备

阿司匹林、青霉素和地西泮是人类医药史上的三大杰作。

阿司匹林，主要用于治疗感冒、发热、头痛、风湿、心脑血管等疾病。青霉素，主要用于抗菌、消炎等。地西泮，主要用于镇静、催眠、抗癫痫、抗惊厥等。

阿司匹林早在 1853 年就已经合成，1900 年正式由德国拜尔药厂生产。它是白色的晶体，熔点 135℃，微溶于水。阿司匹林由水杨酸和乙酸酐，在浓硫酸的催化下，发生酰化反应来制备的。反应式如下：

阿司匹林的
制备原理

水杨酸在酸性条件下受热，还可以发生缩合反应，生成少量的聚合物。反应式如下：

水杨酸，即邻羟基苯甲酸，存在于柳树中，它也具有止痛、退热和消炎作用，我们的老

$$n \underset{\text{OH}}{\overset{\text{COOH}}{\bigcirc}} \xrightarrow[\triangle]{\text{浓H}_2\text{SO}_4} \ \{O-\text{[结构式]}-O-C\}_n + n\text{H}_2\text{O}$$

祖宗早就通过嚼柳树皮来退烧和止痛，但是，由于水杨酸对口腔及胃肠道黏膜刺激较大而未能得到广泛应用。

水杨酸是一个具有羧基和酚羟基的双官能团化合物，能进行两种不同的酯化反应。当羧基与甲醇反应时，生成水杨酸甲酯，俗称冬青油。如果用乙酸酐作酰化剂时，就可以与酚羟基反应生成乙酰水杨酸，即阿司匹林。

反应合成后，我们采用了化学方法来精制、提纯阿司匹林。首先，用阿司匹林与碳酸氢钠反应生成水溶性的钠盐，即乙酰水杨酸钠，作为杂质的副产物则不能与碳酸氢钠反应，通过过滤后即可除去；再用稀盐酸与乙酰水杨酸钠反应，阿司匹林即可结晶析出，通过过滤后即可得到阿司匹林产品。

二、仪器设备与试剂

1. 仪器设备

铁架台、温度计、电热套、球形冷凝管、圆底烧瓶、循环水真空泵、布氏漏斗、抽滤瓶、烧杯等。

阿司匹林的制备仪器与药品

2. 试剂

饱和碳酸氢钠、浓硫酸、水杨酸、乙酸酐、盐酸（1∶2）等。

三、任务实施

1. 合成粗产物（酰化反应）

① 添加物料。往干燥的 100mL 圆底烧瓶中加入 4g 水杨酸、10mL 乙酸酐和几粒沸石，在不断振摇下缓慢滴加 5～7 滴浓硫酸。

② 组装反应装置。如图 4-6 所示，定好电热套和铁架台的位置，调整铁夹高度；把一个 500mL 烧杯放入电热套内，再把添加好反应物料的圆底烧瓶放入 500mL 烧杯中，用铁夹固定；安装球形冷凝管，并用铁夹固定；把温度计放入烧杯中，测温球的位置与反应物料位于同一水平面，不能接触烧杯壁和圆底烧瓶；往 500mL 烧杯中注水，高度以高于反应物料 1cm 左右为宜；最后按照"下进上出"的规则，用乳胶管接通冷却水。

阿司匹林的制备：酰化反应

③ 加热反应。接通电热套的电源，调节电压，加热、反应。反应初始时，为了使水杨酸溶解，防止结块，应该一手抓铁架台，一手抓圆底烧瓶，使圆底烧瓶脱离烧杯后振摇多次。调节加热电压，控制水浴温度在 70～85℃反应 35min，85～95℃反应 25min。

④ 拆除反应装置。反应完毕，关闭电热套加热电源，停止加热。稍冷后，停通冷却水。按照安装的相反顺序，先拆除乳胶管，排出乳胶管和球形冷凝管内的冷却水，再拆除球形冷凝管、温度计、烧杯、电热套和铁架台，装置恢复原状。注意倒出烧杯中的热水时，小心

烫伤。

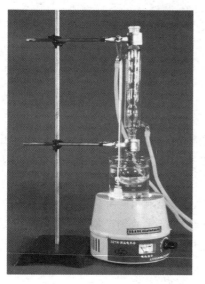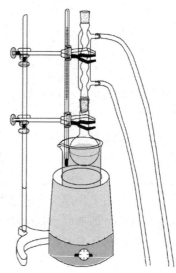

图 4-6　阿司匹林反应装置

2. 结晶分离粗产物

取一个 500mL 烧杯，加入 150mL 左右的冷水和 100g 左右的碎冰块，配制冰-水浴冷却剂。

取一个 200mL 烧杯，加入 100mL 冷水，在不停搅拌下，把反应物料倒入该烧杯中，并及时把该烧杯放入装有冰-水冷却剂的 500mL 烧杯中，用冰-水浴冷却、静置。稍等后，如果没有阿司匹林结晶析出或者析出不够完全，则用玻璃棒不断摩擦杯壁或者添加晶种以促使阿司匹林结晶完全。当反应物料呈现乳白色的牛奶状，阿司匹林结晶析出完全以后，停止摩擦杯壁，静置一会儿。

阿司匹林的制备：结晶与分离

3. 减压过滤

先把圆形滤纸装入布氏漏斗中，用水湿润，再把布氏漏斗插入抽滤瓶中，并用乳胶管连接抽滤瓶和循环水真空泵的抽滤嘴，接通电源，启动循环水真空泵。把滤液和晶体一起倒入布氏漏斗中进行减压过滤，用冷水洗涤烧杯壁上的残留晶体，并一起减压过滤。减压过滤完毕，抽出布氏漏斗，关闭循环水真空泵，倒出抽滤瓶中的滤液，清洗抽滤瓶。

4. 重结晶提纯

① 与饱和碳酸氢钠中和反应。收集粗产物，放入 100mL 烧杯中，加入 50mL 饱和碳酸氢钠溶液，并不断搅拌，直至没有二氧化碳气泡产生为止。

② 减压过滤。组装减压过滤装置进行减压过滤，以除去不溶性杂质。并用干净的 100mL 烧杯收集滤液，把滤饼和滤纸回收，放于垃圾箱中。注意：本操作步骤需收集滤液。

阿司匹林的制备：重结晶提纯

③ 与 1∶2 的盐酸反应。不断搅拌下，往收集的滤液中缓慢加入 30mL 1∶2 的盐酸溶液，并用冷水冷却剂冷却，阿司匹林结晶即可完全析出。注意：绝对不能把 30mL 1∶2 的盐酸溶液快速加入收集的滤液中。

④ 减压过滤。组装减压过滤装置，减压过滤，收集滤饼即为阿司匹林产品。称量、计算产率。

四、注意事项

① 安装合成装置应十分小心，圆底烧瓶和冷凝管必须要用夹子固定。

② 乙酸酐有毒并有较强烈的刺激，取用时应注意不要与皮肤直接接触，防止吸入大量蒸气，物料加入烧瓶后，应尽量快速安装冷凝管，冷凝管内事先接通冷却水。

③ 浓硫酸具有强腐蚀性，避免触及皮肤或衣物。

五、课后作业

练一练，测一测

1. 扫一扫

扫一扫二维码，测试"制备阿司匹林"的学习效果。

2. 思考题

① 制备阿司匹林时，为什么要用干燥的玻璃仪器？

② 为什么要将反应温度控制在 70～95℃左右？温度过高有什么影响？

③ 有什么方法可以简便地检验产品中是否含有未反应完全的水杨酸？

④ 可以快速、一次性地把 30mL 1∶2 的稀盐酸溶液加入收集的滤液中吗？为什么？

任务 5
制备乙酰苯胺

【学习目标】

1. 知识目标
① 掌握制备乙酰苯胺的原理。
② 熟练掌握重结晶的操作原理和方法。
③ 了解乙酰苯胺在医药工业中的应用及功能。

2. 技能目标
① 学会组装、拆除和使用空气冷凝的普通蒸馏装置。
② 学会组装、拆除和使用简单分馏装置。
③ 学会空气冷凝的普通蒸馏操作技术。
④ 学会使用简单分馏装置合成乙酰苯胺的操作技术。
⑤ 学会判断乙酰苯胺的反应终点。
⑥ 熟练应用减压过滤操作技术。

3. 素养目标
① 具备规范操作和安全环保理念。
② 具备团队合作、实事求是、严肃认真的科学态度。

一、任务准备

乙酰苯胺的
制备原理

乙酰苯胺，学名 N-苯（基）乙酰胺，俗名退热冰，可用于退热、防腐、止痛等，也是磺胺类药物、染料等的中间体，还是化妆品工业双氧水的稳定剂。功能强大，用途广泛。

它是白色、有光泽片状的结晶或者白色结晶粉末，在空气中稳定。熔点为 114.3℃，沸点为 304℃，相对密度为 1.2190。在冷水中的溶解度小（25℃时，0.56g），在热水中的溶解度大（100℃时，18g）。乙酰苯胺由苯胺与冰醋酸反应制备，反应式如下：

$$\underset{\text{苯胺}}{\overset{\text{NH}_2}{\boxed{}}} + \underset{\text{冰醋酸}}{CH_3COOH} \xrightarrow{\triangle} \underset{\text{乙酰苯胺}}{\overset{\text{NHCOCH}_3}{\boxed{}}} + H_2O$$

反应合成后，采用重结晶技术，通过热溶解、脱色、热过滤、结晶、减压过滤等操作步骤精制提纯，从而得到较纯净的乙酰苯胺产品。

二、仪器设备与试剂

1. 仪器设备

蒸馏烧瓶、圆底烧瓶、电热套、分馏柱、温度计、空气冷凝管、锥形瓶、直形冷凝管、烧杯、抽滤装置、保温漏斗、玻璃棒。

乙酰苯胺的制备仪器与药品

2. 试剂与其他

苯胺、冰醋酸、锌粉、活性炭、沸石。

三、任务实施

1. 新蒸苯胺

① 添加苯胺。量取 6mL 苯胺，加入干燥的蒸馏烧瓶中，并在蒸馏烧瓶中加入少量的锌粉和几粒沸石。

② 组装蒸馏装置。如图 4-7 所示，定好电热套和铁架台的位置，调整铁夹高度；把添加好蒸馏物料的蒸馏烧瓶放入电热套中，用铁夹固定；然后按顺序安装好温度计、空气冷凝管、尾接管和接收器圆底烧瓶。注意：尾接管和圆底烧瓶绝对不能密封，要留有缝隙。

③ 加热蒸馏。接通电热套的电源，把加热电压调至最大，高温、快速蒸馏苯胺。为避免转移原料，造成二次污染，可用干燥的圆底烧瓶接收馏出液。注意：蒸馏烧瓶中的液体不能全部蒸干。

乙酰苯胺的制备：新蒸苯胺

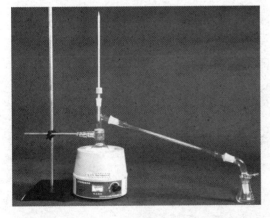
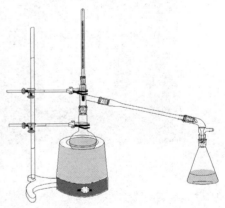

图 4-7　新蒸苯胺普通蒸馏装置

④ 拆除蒸馏装置。关闭电热套的加热电源，稍冷后，按照组装的相反顺序，拆除圆底烧瓶、尾接管、空气冷凝管、温度计、蒸馏烧瓶、电热套和铁架台。清洗蒸馏烧瓶，装置恢复原状。

2. 酰化反应

① 添加反应物料。在新蒸苯胺的圆底烧瓶中加入 7.5mL 冰醋酸和少量的锌粉。

② 组装反应装置。如图 4-8 所示，定好电热套和铁架台的位置，调整铁夹高度；把添加好反应物料的圆底烧瓶放入电热套中，装好分馏柱，并用铁夹固定分馏柱，在分馏柱的上口装入温度计。最后，用乳胶管的一端连接分馏柱的支管出口，另一端放入一个已准备好的量杯中，用于接收反应生成并被蒸馏出来的水分和醋酸。

③ 加热反应。接通电热套的电源，加热、反应，使上升蒸汽在 10～15min 后到达分馏柱顶部。调节电压，控制分馏柱顶的温度保持在 105℃左右。当分馏柱顶的温度下降、圆底烧瓶内出现白雾或者接收器量杯中的馏出液略大于理论产水量时，反应结束，反应时间为 40～60min。注意：加热反应初期，分馏柱顶的温度没有什么变化，只有上升蒸汽达到分馏柱顶时，温度才会快速上升。

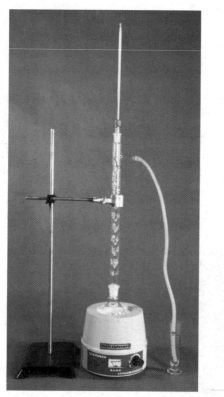
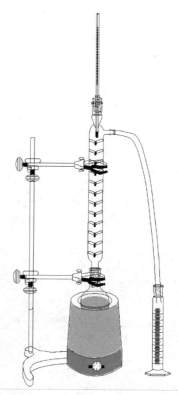

图 4-8　酰化反应装置

④ 拆除反应装置。关闭电热套的加热电源，停止加热。稍冷，待分馏柱内的蒸汽降下来后，戴上隔热手套，趁热，按照组装的相反顺序，拆除量杯、乳胶管、温度计、分馏柱、圆底烧瓶、电热套和铁架台，装置恢复原状。

3. 结晶分离粗产物

取一个 200mL 烧杯，加入 100mL 冷水。趁热把圆底烧瓶中的反应物料以细流状倒入该烧杯中，静置，让其自然冷却、结晶。注意：绝对不能快速、一次性把热的反应物料倒入装有 100mL 冷水的烧杯中。

4. 减压过滤

先把圆形滤纸装入布氏漏斗中，用水湿润，再把布氏漏斗插入抽滤瓶中，接通电源，启动循环水真空泵。把滤液和晶体一起倒入布氏漏斗中进行减压过滤，用冷水洗涤烧杯壁上的残留晶体，并一起减压过滤。减压过滤完毕，抽出布氏漏斗，关闭循环水真空泵，收集滤饼，称量。倒出抽滤瓶中的滤液，清洗抽滤瓶。

5. 重结晶提纯

① 热溶解。把收集的粗产物滤饼放入 250mL 烧杯中，按照乙酰苯胺：水＝18：100 的比例加入水，用电热套加热，让其溶解完全。

② 脱色。把溶解的乙酰苯胺溶液撤出热源，为防止暴沸，先加入 5mL 冷水，再根据粗乙酰苯胺所含杂质的多少加入活性炭（颜色深，杂质多，多加活性炭；颜色浅，杂质少，少加活性炭），稍加搅拌后，继续煮沸 2min。

乙酰苯胺的制备：重结晶提纯

③ 热过滤

a. 折叠滤纸。热过滤时，为了充分利用滤纸的有效面积，加快过滤速度，通常使用扇形滤纸，其折叠方法见图 2-37。

b. 组装热过滤装置。把保温漏斗固定在铁架台上，往夹套中注入 2/3 容量的热水，并用酒精灯加热支管，用洁净的 100mL 小烧杯接收滤液。

c. 热过滤。把折叠好的扇形滤纸放入保温漏斗中，当夹套中的水沸腾时，迅速、多次把溶解的乙酰苯胺溶液倾入保温漏斗中过滤，待所有的溶液过滤完后，用少量的热水洗涤 250mL 烧杯和滤纸。

注意，热过滤时，要随时保温溶解的乙酰苯胺溶液。

d. 冷却结晶。把滤液放在操作台上，让其在室温下自然冷却、结晶。如果室温较高可用冰-水浴冷却，以使晶体完全析出。

e. 减压过滤。组装减压过滤装置。待乙酰苯胺晶体析出完全后，启动循环水真空泵，把滤液和晶体一起倒入布氏漏斗中进行减压过滤，如果烧杯壁上残留乙酰苯胺晶体，可用冷水洗涤后收集、减压过滤。减压过滤完毕，抽出布氏漏斗，关闭循环水真空泵，倒出抽滤瓶中的滤液。

6. 干燥

用干燥的玻璃棒把乙酰苯胺晶体拔松，并收集于滤纸或者表面皿中，用烘箱或者让其自然干燥后，即可得到精制的乙酰苯胺产品，用过的圆形滤纸收集、并放入垃圾箱中。称重后，计算收率。

四、注意事项

① 苯胺必须新蒸馏，否则苯胺在空气中放置颜色会变深，影响酰化产物的质量和产率。

② 锌粉的作用是防止苯胺氧化，锌粉不能加得过多，否则在后处理中会出现不溶于水的氢氧化锌，用新蒸的苯胺时，也可以不加锌粉。

③ 若室温较低，可用石棉等保温分馏柱，以防止分馏过慢。

④ 烧瓶冷却后，物料中会有固体析出，粘在瓶壁上不易处理，因此要趁热操作。

⑤ 不能在沸腾时加活性炭，否则会发生溢料。

五、课后作业

1. 扫一扫

扫一扫二维码，测试"制备乙酰苯胺"的学习效果。

2. 思考题

① 制备乙酰苯胺的装置中，为什么要用分馏柱？能否改用蒸馏装置蒸出反应生成的水？

② 反应时，为什么要控制分馏柱顶的温度在 105℃左右？温度高于 110℃可以吗？为什么？

模块 5

创新实验

　　有机化学创新实验是在学生已掌握有机化学基本操作技能，并有一定理论水平的基础上，进一步开拓实验项目的种类，进行体验式学习，设计实验方案、实施实验训练项目的过程，在拓展实验中使学生树立信心，发掘自我潜能，更好地发挥团队合作精神。

任务 1
制备乙酸异戊酯（催化剂的应用）

【学习目标】

1. 知识目标

① 熟悉酯化反应的原理。

② 掌握制备乙酸异戊酯的方法。

③ 掌握催化剂对合成有机化合物的影响。

2. 技能目标

① 学会带有分水器的回收装置的安装与操作。

② 熟练使用分液漏斗。

③ 学会使用干燥剂。

④ 学会利用萃取和蒸馏精制液体有机物的操作技术。

⑤ 掌握不同催化剂对合成有机化合物的性能各不一样。

3. 素养目标

严肃、细致、认真、实事求是地操作和记录实验数据。

一、任务准备

酯类广泛地分布于自然界中。花果的芳香气味大多数是由酯类的存在而引起的，许多昆虫信息素的主要成分也是低级酯类。

乙酸异戊酯也是一种香精，因具有令人愉快的香蕉气味，又称香蕉油，为无色透明液体，沸点142℃，不溶于水，易溶于醇、醚等有机溶剂。

实验室中采用冰醋酸和异戊醇在催化剂的催化作用下合成乙酸异戊酯，而催化剂在化学工业中是不可缺少的一种物质。经过测试，如果没有加入催化剂，反应3h，乙酸异戊酯的产率才只有22.82%，如果加入了浓硫酸作催化剂，那么只要20min，乙酸异戊酯的产率就有84.15%。合成同一种有机化合物的催化剂往往有多种，如合成乙酸异戊酯的催化剂有：浓 H_2SO_4、杂多酸（如磷钨）、磺酸（如对甲苯磺酸）、分子筛（如 MCM-41）、树脂（如强酸性阳离子树脂）、固体超强酸（如 SO_4^{2-}/TiO_2、盐酸盐（如 $FeCl_3 \cdot 6H_2O$）、硫酸盐［如 $NH_4Fe(SO_4)_2 \cdot 12H_2O$］等，性能也各不相同。经过测试，当反应时间为5min时，用硫酸铁铵、浓硫酸和氯化铁作催化剂合成乙酸异戊酯的产率分别为41.19%、82.82%和85.60%。

本次实训就采用实验室常用的硫酸铁铵、浓硫酸和氯化铁三种物质作催化剂合成乙酸异戊酯，来讨论催化剂对制备乙酸异戊酯的影响。讨论内容有产率、催化剂回收、实训现象等。

二、仪器设备与试剂

1. 仪器设备

铁架台、温度计、电热套、锥形瓶、直形冷凝管、球形冷凝管、圆底烧瓶、蒸馏烧瓶、分液漏斗、普通漏斗、烧杯。

2. 试剂及其他

10％碳酸氢钠、饱和氯化钠、硫酸铁铵、浓硫酸、氯化铁、异戊醇、冰醋酸、无水硫酸镁、沸石。

三、任务实施

1. 酯化反应

在干燥的 100mL 圆底烧瓶中加入 18mL 异戊醇、24mL 冰醋酸，振摇下缓慢加入 5 滴浓硫酸或者其他催化剂，再加入几粒沸石。安装带有分水器的回流装置。分水器中事先充水至比支管口略低处，并放出比理论出水量稍多些水，用电热套加热回流，至分水器中的水层不再增加为止，反应约 1.5h。

2. 洗涤分离

撤出热源，稍冷后拆除回流装置，待烧瓶中反应液冷却至常温后，将其倒入分液漏斗中，用 30mL 冷水淋洗烧瓶内壁，洗涤液并入分液漏斗中，充分振摇后静置，待液层分界清晰后，移去顶塞，缓慢旋开旋塞，分去水层。有机层用 20mL 碳酸氢钠溶液分两次洗涤。最后再用饱和氯化钠溶液洗涤一次。分去水层，有机层由分液漏斗上口倒入干燥的锥形瓶中。

3. 干燥水分

向盛有粗产物的锥形瓶中加入少量的无水硫酸镁，配上塞子，振摇至液体澄清透明，放置 20min。

4. 蒸馏提纯

安装一套干燥的普通蒸馏装置，将干燥好的粗产物小心地滤入烧瓶中，放入几粒沸石，用电热套加热蒸馏，用干燥的锥形瓶收集 138～142℃馏分，称重并计算产品的产率。

四、注意事项

① 安装合成装置应十分小心，圆底烧瓶和冷凝管必须要用夹子固定。

② 用分液漏斗洗涤粗产物时，注意振摇后必须要先把塞子松开，才能放下层液体，而且瓶口不能对着自己和他人。

③ 分水器内装入水不能太多，而且要注意不能流回圆底烧瓶中。

④ 乙酸异戊酯易燃，小心在分液和蒸馏时着火。

五、课后作业

① 制备乙酸异戊酯时，回流和蒸馏装置为什么必须使用干燥的仪器？

② 碱洗时，为什么会有二氧化碳气体产生？

③ 在分液漏斗中进行洗涤操作时，粗产品始终在哪一层？

④ 酯化反应时，可能会发生哪些副反应？其副产物是如何除去的？

⑤ 酯化反应时，若实际出水量超过理论出水量，可能是什么原因造成的？

练一练，测一测

任务 2

制备乙酸乙酯及质量评价（国赛赛项）

（全国职业院校技能大赛 GZ022 化学实验技术【高职组】赛题）
赛项 1：合成乙酸乙酯

➤**健康和安全**

请分析本模块是否涉及健康和安全问题，如有，请写出相应预防措施。

➤**环境保护**

请问本模块在产品合成中，是否会产生环境问题？如有，请写出相关环境保护措施。

➤**基本原理**

乙酸乙酯是乙醇与乙酸在一定条件下，发生酯化反应而生成。乙酸的含量以酚酞为指示剂，用氢氧化钠标准滴定溶液进行定量测定。

➤**目标**

① 标定氢氧化钠标准滴定溶液浓度。

② 测定原料乙酸的含量。

③ 根据流程合成产品——乙酸乙酯。

完成工作的总时间是 180 分钟，由原料乙酸含量测定和乙酸乙酯产品合成两个任务组成，教师和学生分别独立完成其中一个任务。

一、仪器设备与试剂

仪器设备与试剂见表 5-1。

表 5-1　仪器设备与试剂

主要设备	电热套(98-Ⅱ-B,100mL,磁力搅拌,可调温)
	升降台
	带十字夹的铁架台
	电子天平(精度 0.01g、0.0001g)
	通风设备
	气流烘干器(30 孔,不锈钢)
	电炉
玻璃器皿	单口烧瓶(100mL/24♯,磨口)
	三口烧瓶(100mL/24♯,磨口)
	分液漏斗(125mL,聚四氟乙烯旋塞)
	恒压长颈滴液漏斗(60mL/24♯,磨口)
	直形冷凝管(200mm/24♯,磨口)
	球形冷凝管(200mm/24♯,磨口)
	分水器(24♯,磨口)

	刺形分馏柱(200mm/24♯,磨口)
	蒸馏头(24♯,磨口)
	真空尾接管(24♯,双磨口)
	玻璃塞(24♯,磨口)
	玻璃漏斗(40mm)
	锥形瓶(50mL/24♯、100mL/24♯,磨口)
玻璃器皿	定量瓶(50mL、100mL、250mL)
	滴定管(聚四氟乙烯塞,50mL)
	单标线吸量管(10mL、25mL)
	锥形瓶(250mL 或 300mL)
	具塞锥形瓶(250mL 或 300mL)
	量筒
	烧杯
	无水乙醇
	乙酸
	浓硫酸
	环己烷
	无水碳酸钠
	氯化钠
药品试剂	无水氯化钙
	无水硫酸镁
	邻苯二甲酸氢钾(基准试剂)
	氢氧化钠标准滴定溶液
	酚酞指示液
	去二氧化碳水

二、溶液准备

根据现场提供的试剂,按实际需求配制洗涤溶液(碳酸钠溶液、氯化钠溶液、氯化钙溶液),相关物理常数详见表 5-2,体积均为 50mL。

表 5-2 物料的物性常数表

药品名称	分子量	密度/(g/mL)	沸点/℃	折射率	水溶解度/(g/100mL)
乙酸	60.05	1.049	118	1.376	易溶于水
乙醇	46.07	0.789	78.4	1.361	易溶于水
乙酸丙酯	102.13	0.8878	101.6	1.3844	微溶于水
浓硫酸	98.08	1.84	—	—	易溶于水
环己烷	84.16	0.79	80.7	1.4266	不溶于水
乙酸乙酯	88.11	0.9005	77.1	1.372	微溶于水

三、乙酸含量测定

1. 0.5mol/L 氢氧化钠标准溶液标定

减量法准确称取 3.2g 基准试剂邻苯二甲酸氢钾于锥形瓶中,加去二氧化碳水溶解,加 2 滴酚酞指示液,用待标定的氢氧化钠溶液滴定至溶液由无色变为淡粉色,并保持 30s 不褪色。平行测定 4 次,同时做空白试验。

使用以下公式计算氢氧化钠标准滴定溶液的浓度 c(NaOH),单位 mol/L。取 4 次测定结果的算术平均值作为最终结果，结果保留 4 位有效数字。

$$c(\mathrm{NaOH}) = \frac{m \times 1000}{(V_1 - V_2)M}$$

式中　m——邻苯二甲酸氢钾质量，g；

　　　V_1——氢氧化钠溶液体积，mL；

　　　V_2——空白试验消耗的氢氧化钠溶液体积，mL；

　　　M——邻苯二甲酸氢钾的摩尔质量，g/mol，$M(\mathrm{KHC_8H_4O_4}) = 204.22$。

2. 原料乙酸含量分析

准确称取 1.0g 原料乙酸样品，加入适量去二氧化碳水，加 2 滴酚酞指示液，用氢氧化钠标准溶液滴定至溶液呈淡粉色，并保持 30s 不褪色。平行测定 3 次。

按下式计算出样品中乙酸的含量，以质量分数 w 表示。取 3 次测定结果的算术平均值作为最终结果，结果保留 4 位有效数字。

$$w = \frac{cVM}{m \times 1000} \times 100\%$$

式中　c——氢氧化钠标准滴定溶液的准确浓度，$\mathrm{mol \cdot L^{-1}}$；

　　　V——乙酸样品所消耗的氢氧化钠标准滴定溶液的体积数值，mL；

　　　m——样品的质量数值，g；

　　　M——乙酸的摩尔质量，g/mol，$M(\mathrm{CH_3COOH}) = 60.05\mathrm{g/mol}$。

对结果的精密度进行分析，以相对极差 A 表示，结果精确至小数点后 2 位。

计算公式如下：

$$A = \frac{X_1 - X_2}{\bar{X}} \times 100\%$$

式中　X_1——平行测定的最大值；

　　　X_2——平行测定的最小值；

　　　$\bar{X}$——平行测定的平均值。

四、产品合成

1. 乙酸乙酯的合成

称取原料乙酸 15.00g，95% 乙醇 18.00g（精确到 0.01g）。

将适量乙醇、浓硫酸加入 100mL 三口烧瓶中，混匀后加入磁力搅拌子。在滴液漏斗内加入适量乙醇和乙酸并混匀。

开始加热，当温度升至 110～120℃ 时，开始滴加乙醇和乙酸混合液，调节适当的滴液速度。反应结束后，停止加热，收集保留粗产品。

2. 乙酸乙酯的精制

洗涤：在乙酸乙酯粗产品中加入饱和碳酸钠等溶液洗涤纯化。

干燥：将酯层倒入锥形瓶中，并放入适量的无水硫酸镁，配上塞子，充分振摇至液体澄清透明，再放置干燥。

蒸馏：将干燥后的乙酸乙酯用漏斗经脱脂棉过滤至干燥的蒸馏烧瓶中，加入磁力搅拌子，搭建好蒸馏装置，加热进行蒸馏。按要求收集乙酸乙酯馏分，记录精制乙酸乙酯的产量。

五、思考题

乙酸乙酯的合成原料为乙酸和乙醇，按化学反应方程式，其化学计量比为 1∶1，但在实际合成过程中，往往乙醇过量，请分析其中原因。

赛项 2：分析与评价乙酸乙酯的质量

➤健康和安全

请分析本模块是否涉及健康和安全问题，如有，请写出相应预防措施。

➤环境保护

请问本模块在产品制备中，是否会产生环境问题？如有，请写出相关环境保护措施。

➤基本原理

合成产物乙酸乙酯可用气相色谱进行鉴定，通常采用内标标准曲线法对产物中生成乙酸乙酯的含量进行定量分析。

➤目标

① 准备标准曲线溶液。

② 选择气相色谱测定条件。

③ 测定乙酸乙酯的含量。

④ 计算精制乙酸乙酯的产率（％）。

⑤ 完成报告。

完成工作的总时间是 210 分钟，气相色谱测定条件选择由教师完成，标准曲线溶液和产品溶液配制及气相色谱测定由学生完成，结果处理和工作报告撰写由教师指导学生完成。

一、仪器设备、试剂清单

仪器设备、试剂清单见表 5-3。

表 5-3　仪器设备、试剂清单

主要设备	气相色谱系统(火焰离子化检测器 FID)
	色谱柱[PEG(聚乙二醇)毛细管柱]
	自动进样器
玻璃器皿	容量瓶(50mL、100mL)
	吸量管(5mL、10mL)
	色谱样品瓶(2mL)
	烧杯(100mL、500mL、1000mL)
药品与试剂	乙酸乙酯标准品
	乙酸正丙酯标准品
	乙酸正丁酯标准品
	混合标准样品(含乙酸、乙醇、乙醚、乙酸乙酯、乙酸正丙酯、乙酸正丁酯)
	乙酸
	无水乙醇
	乙醚(色谱纯)
	去离子水

二、选择气相色谱测定条件

①柱温、气化室温度、检测器温度；②载气流速、空气、氢气流量；③分流比；④进样量；⑤升温方式。

三、产物含量分析

1. 乙酸乙酯标准溶液配制

准确称取一定质量的乙酸乙酯标准品，用乙醇溶解后转移入一定规格的容量瓶中，用乙醇稀释至刻度，摇匀。

2. 内标物标准溶液配制

选择合适的内标物，准确称取一定质量的内标物标准品，用乙醇溶解后转移入一定规格的容量瓶中，用乙醇稀释至刻度，摇匀。

3. 标准曲线工作溶液配制

用吸量管准确移取不同体积的乙酸乙酯标准溶液至 5 个容量瓶中；再准确移取一定体积的内标物标准溶液至上述 5 个容量瓶中，用乙醇稀释至刻度，摇匀。

4. 绘制标准曲线

在设置好的气相色谱测定条件下，测定各标准曲线工作溶液，以保留时间确定乙酸乙酯和内标物，以 Ai/As 为纵坐标，以乙酸乙酯标准溶液浓度为横坐标，绘制标准曲线。

5. 产物样品中乙酸乙酯含量的测定

称取一定质量的样品溶液配制适合标准曲线的样品溶液，加入一定体积的内标物标准溶液，用乙醇稀释至刻度，摇匀，用与绘制标准曲线相同的气相色谱测定条件测定，根据色谱图求出 Ai/As。平行测定 3 次。

四、结果处理

① 根据标准系列溶液的色谱图，分析并记录乙酸乙酯和内标物的峰面积（Ai、As）。测量结果汇总在表中。

② 以 Ai/As 为纵坐标，以乙酸乙酯标准溶液浓度为横坐标，绘制标准曲线，得出标准曲线回归方程和线性相关系数。

③ 计算产物中乙酸乙酯的含量（w_i），取 3 次平行实验结果的算术平均值作为最终结果，结果保留 3 位有效数字。

④ 误差分析。对产物中乙酸乙酯含量（w_i）测定结果的精密度进行分析，以相对极差 A 表示，结果精确至小数点后 2 位。计算公式如下：

$$A = \frac{X_1 - X_2}{\bar{X}} \times 100\%$$

式中　X_1——平行测定的最大值；

　　　X_2——平行测定的最小值；

　　　$\bar{X}$——平行测定的平均值。

⑤ 按下式计算目标产物的精制收率，结果保留 3 位有效数字。

$$精制收率 = \frac{精制产品质量(g) \times 产品中的乙酸乙酯含量}{理论产量(g)} \times 100\%$$

五、报告撰写

① 请完成一份工作报告（电子文档），存档并打印；实操过程中的数据记录表、谱图等作为工作报告附件，一并提交。工作报告格式自行设计，内容应包括：实验过程中必须做好的健康、安全、环保措施，实验原理，数据处理，结果评价和问题分析等。

② 思考题：气相色谱常用填充柱和毛细管柱，分别阐述其优缺点。

赛项 3：实验室安全与气相色谱仿真

色谱仿真操作（60分钟）。

本赛项中关于气相色谱系统操作考核的内容，将在虚拟实验平台上完成。

一、实验室安全

① 回答实验室安全管理规范相关问题。

② 在色谱实验室中，进行安全风险识别，指出安全隐患。

③ 气瓶泄漏：停止一切火源、电源等可能引起火灾、爆炸等危险的操作；关闭气源阀门；迅速开启实验室通风系统，将氢气排出室外。

二、气相色谱定量分析

① 准备试验和校准仪器：熟悉实验方案、仪器日常维护、标准样品准备。

② 样品预制及标准样品配制：样品预制、标准样品配制。

③ 采样与分析、分析方法优化：样品采集、分析方法设置、分析方法优化。

④ 数据记录、数据处理与报告撰写：原始数据记录、数据处理。

⑤ 结果识别与结果评判：结果判断、不正确结果原因分析。

三、气相色谱故障排查

① 确认故障现象：观察仪器显示屏、指示灯、工作站等，分析故障出现的原因。

② 故障排查：检查仪器各部件之间的连接情况，如电源、气源、进样口、柱子等是否连接良好，对进样口、检测器、待测样品、色谱柱进行故障排查操作。

③ 故障处理：选择仪器维修工具，如扳手、螺丝刀、钳子等，对气相色谱仪进行简单的维修和调整操作，如更换玻璃衬管、隔垫等。

练一练，测一测

任务 3
制备有机玻璃（PMMA）
（有机聚合物的制备）

【学习目标】

1. **知识目标**
   ① 理解本体聚合的基本特点。
   ② 掌握有机玻璃的制备方法。
   ③ 了解聚合反应在化学工业中的应用。
2. **技能目标**
   ① 能够设计制备方案。
   ② 能够合成有机玻璃产品。
   ③ 熟练使用仪器设备。
3. **素养目标**
   严肃、细致、认真、实事求是地操作和记录实验数据。

一、任务准备

有机玻璃（PMMA）是一种俗称，这种高分子透明材料的化学名称叫聚甲基丙烯酸甲酯。它表面光滑、色彩艳丽，比重小，强度较大，耐腐蚀，耐湿，耐晒，绝缘性能好，隔声性好，因此其凭借优良的性能得到了广泛应用。如飞机和汽车上的风挡，电视和雷达的屏幕，医学上的人工角膜，生活中的各种玩具、灯具等都是由有机玻璃制作的。

有机玻璃通过甲基丙烯酸甲酯在引发剂作用下本体聚合而成。本体聚合是单体（或原料低分子物）在不加溶剂以及其他分散剂的条件下，在引发剂或光、热作用下，其自身进行聚合引发的聚合反应，是制造聚合物的主要方法之一。其显著特点是聚合体系黏度大、传热性差，反应进行到一定阶段时会出现自动加速现象。因此必须排除反应热，否则分子量分布变宽，材料的机械强度变低，严重时会引起"爆聚"而使产品报废。除聚甲基丙烯酸甲酯外，还有聚苯乙烯、聚氯乙烯和高压聚乙烯可采用本体聚合生产。该聚合反应是一个放热过程，其反应式为：

$$n\,H_2C=\underset{\underset{COOCH_3}{|}}{\overset{\overset{CH_3}{|}}{C}} \xrightarrow{\ \text{引发剂}\ } \left[H_2C-\underset{\underset{COOCH_3}{|}}{\overset{\overset{CH_3}{|}}{C}}\right]_n$$

反应热的积累会导致反应物温度升高，聚合反应加速，造成局部过热而导致单体气化或聚合物的裂解，使制件产生气泡或空心。此外由于单体和聚合物的密度相差很大（甲基丙烯酸甲酯的相对密度为 $0.94g/cm^3$，聚甲基丙烯酸甲酯的相对密度为 $1.18g/cm^3$），因而再聚合时会产生体积收缩。如果聚合热未经有效排除，各部分反应就会不一致，收缩也不均匀，使表面起皱或导致裂纹。为避免这种现象的发生，在实际生产有机玻璃时，常采取预聚成浆法或分步聚合法。

二、仪器设备与试剂

1. 仪器设备

锥形瓶、保鲜膜、弹簧夹或螺旋夹、水浴锅、温度计、小试管（1.5cm×10cm，预先烘干作为模具）、托盘天平。

2. 试剂

甲基丙烯酸甲酯（MMA，除去阻聚剂）、过氧化苯甲酰（BPO）。

三、任务实施

1. 预聚

取 25g 新蒸馏过的甲基丙烯酸甲酯单体放入干净的干燥锥形瓶中，加入引发剂过氧化苯甲酰 30mg，为防止预聚时水汽进入锥形瓶内，摇匀后可在瓶口包上一层保鲜膜，再用橡皮圈扎紧。用 70～80℃ 水浴加热锥形瓶，进行预聚合，并间歇振荡锥形瓶，观察体系的黏度。当瓶内预聚物黏度与甘油黏度相近时，立即停止加热并用冷水使预聚物冷至室温，以终止聚合反应。

2. 灌模

将预聚物灌入小试管中，灌模时要小心，不使预聚物溢至试管外。且不要全灌满，稍留一段空间，以免预聚物受热膨胀而溢出试管外。用保鲜膜将试管口封住，使预聚物与空气隔绝。

3. 聚合

模口朝上，将上述封好口的试管放入 40℃ 烘箱中，继续使单体聚合 24h 以上，然后再在 100℃ 处理 1h。关掉烘箱热源，使聚合物在烘箱中随着烘箱一起逐渐冷却至室温。

4. 脱模

将试管轻轻敲破，即可得到透明的棒状有机玻璃。

四、注意事项

① 预聚时不要一直摇动锥形瓶，而应间歇振荡，以减少氧气在单体中的溶解。
② 为提高学生的实验兴趣，试管中可放入彩色塑料屑等。
③ 也可采用其他形状的模具，如两片玻璃板等。

五、课后作业

① 为什么要进行预聚合？
② 除有机玻璃外，工业上还有什么聚合物是用本体聚合的方法合成的？

练一练，测一测

任务 4

制备聚乙烯醇缩甲醛
（有机聚合物的制备）

 【学习目标】

1. 知识目标

① 掌握聚乙烯醇缩甲醛（胶水）的制备方法。

② 理解缩合反应机理。

2. 技能目标

① 学会使用恒温水浴搅拌装置。

② 能够制备合格的聚乙烯醇缩甲醛产品。

3. 素养目标

学习认真、细致，实事求是地操作和记录实验数据。

一、任务准备

聚乙烯醇缩甲醛（PVF）是利用聚乙烯醇（PVA）与甲醛在盐酸催化的作用下而制得的，其反应如下：

$$\underset{\substack{| \\ OH}}{+CH_2-CH}-CH_2-\underset{\substack{| \\ OH}}{CH\}_{m}} + n\,HCHO \xrightarrow{HCl} \underset{\substack{| \\ O-CH_2-O}}{+CH_2-CH}-CH_2-CH\}_{m} + n\,H_2O$$

聚乙烯醇是水溶性的高聚物，它与甲醛缩合制得 PVF，缩醛的性质取决于催化剂的用量、反应温度、反应时间、反应物比例、缩醛度（缩醛度指已反应的羟基数占总羟基的百分数）等因素。

本实训是合成水溶性聚乙烯醇缩甲醛（胶水）。如果用甲醛将它进行部分缩合，随着缩醛度的增加，水溶性愈差。因此，反应过程中必须控制较低的缩醛度，使产物保持水溶性。如反应过于猛烈，则会造成局部高缩醛度，导致不溶性物质存在于水中，影响胶水质量。因此在反应过程中，特别要注意严格控制催化剂用量、反应温度、反应时间及反应物比例等因素。

聚乙烯醇缩甲醛随缩醛化程度的不同，性质和用途各有所不同。它能溶于甲酸、乙酸、二氧六环、氯化烃（二氯乙烷、氯仿、二氯甲烷）、乙醇-苯混合物（30∶70）、乙醇-甲苯混合物（40∶60）以及 60% 的含水乙醇等。低缩醛度的聚乙烯醇缩甲醛可掺入水泥砂浆中而增加黏附力。作为维尼纶纤维的聚乙烯醇缩甲醛的缩醛度一般控制在 35% 左右，它不溶于水，是性能优良的合成纤维。

二、仪器设备与试剂

1. 仪器设备

恒温水浴锅、烧杯（500mL）、电动搅拌器、无级调速器和铁架台。

2. 试剂与其他

聚乙烯醇（固体）、甲醛（37%～40% 水溶液）、盐酸（36% HCl 溶液）、氢氧化钠（固体，学生自配成 10%，10mL）、pH 试纸。

三、任务实施

① 组装好制备装置，在恒温水浴锅中加入自来水，水量以高出烧杯中反应物 1cm 左右为宜。

② 在 250mL 烧杯中，加入 150mL 去离子水和 15g 聚乙烯醇，放至恒温水浴锅中。

③ 设定加热温度，开启电动搅拌器并升温至 90℃ 左右溶解聚乙烯醇。待聚乙烯醇完全溶解后，降温至 85℃ 左右加入 4mL 工业甲醛，再加入 1∶4 盐酸 1.5mL。控制溶液的 pH 值为 1～3，保持反应温度在 90℃ 左右，继续搅拌，反应溶液逐渐变稠，当溶液中出现气泡或者有絮状物产生时，向溶液中加入自配的 10% NaOH 溶液，调节溶液的 pH 值为 8～9，即得到无色透明黏稠的液体，然后冷却降温，即获得市面上出售的普通液体胶水。

四、注意事项

① 一定要严格控制反应温度。

② 一定要严格控制盐酸的加入量和溶液的 pH 值。

③ 为防止电动搅拌器的搅拌棒因搅拌速度过快而打破烧杯，搅拌速度一定不要太快。

五、课后作业

① 试讨论缩醛反应的机理及催化剂作用。

② 为什么缩醛度增加，水溶性下降，当达到一定的缩醛度之后产物完全不溶于水？

③ 为什么要把 pH 调到 8～9？试讨论缩醛产物最终对酸和碱的稳定性。

练一练，测一测

任务 5

制备月桂醇硫酸酯钠
（精细化学品的制备）

 【学习目标】

1. **知识目标**

   ① 了解月桂醇硫酸酯钠的用途。

   ② 掌握洗涤剂月桂醇硫酸酯钠的制备方法。

2. **技能目标**

   ① 能够处理刺激性有害挥发物质。

   ② 能够合成月桂醇硫酸酯钠。

3. **素养目标**

   严肃、细致、认真、实事求是地操作和记录实验数据。

一、任务准备

合成洗涤剂是一种清洗用的有机化合物，正在逐步成为当今社会人们离不开的生活必需品。研制他们的目的是代替肥皂，因为其在软、硬水中都具有较好的洗涤效果，且成本较低。

1950 年，人们开发出了价格低廉的带有支链的十二烷基苯磺酸钠（ABS），但后来发现其难被微生物降解，污染环境。1966 年，人们又合成出了线形烷基苯磺酸钠（LAS），其能被微生物降解，性能好，是优良的洗涤剂。月桂醇硫酸酯钠，也叫十二烷基硫酸钠，是最早开发的洗涤剂，它和肥皂、洗衣粉一样，都属于阴离子表面活性剂，具有良好的发泡、乳化、去污、渗透和分散性能。月桂醇硫酸酯钠是白色或微黄色的粉末，熔点为 $180\sim185℃$（此时分解），易溶于水而成半透明溶液，对碱、弱酸和硬水都很稳定，适于低温洗涤，易漂洗，对皮肤刺激性小。

月桂醇硫酸酯钠的用途较广，除可用作洗涤剂外，还广泛用于牙膏发泡剂、纺织助剂、矿井灭火剂、乳液聚合乳化剂、医药用乳化分散剂、洗发剂等化妆制品。反应方程式：

$$CH_3(CH_2)_{10}CH_2OH + ClSO_3H \longrightarrow CH_3(CH_2)_{10}CH_2OSO_3H + HCl$$
$$2CH_3(CH_2)_{10}CH_2OSO_3H + Na_2CO_3 \longrightarrow 2CH_3(CH_2)_{10}CH_2OSO_3Na + H_2O + CO_2$$

二、仪器设备与试剂

1. 仪器设备

烧杯（50mL）、滴管、分液漏斗、电热套、红外灯。

2. 试剂

月桂醇、冰醋酸、氯磺酸、正丁醇、饱和碳酸钠溶液、碳酸钠。

三、任务实施

1. 酯化

在干燥的 50mL 烧杯中加入 3.2mL 冰醋酸，在冰浴中将其冷却至 5℃，从滴管中慢慢将 1.2mL 氯磺酸直接加入冰醋酸的烧杯中（在通风橱中进行）。混合物仍放在冰浴中冷却，不要让水进入烧杯内。

在搅拌下慢慢加入 3.3g 月桂醇，约 2min 加完。继续搅拌至月桂醇全部溶解，反应 30min。将反应物倾入盛有 10g 碎冰的 50mL 烧杯中。

2. 洗涤

向盛有反应混合物和 10g 碎冰的烧杯中加入 10mL 正丁醇，彻底搅拌混合物 3min，在搅拌中慢慢加入 3mL 饱和碳酸钠溶液直至溶液呈中性或略呈碱性（pH＝7.0～8.5），再加入 3.3g 固体碳酸钠至混合物中，以助分层。让溶液在烧杯中分层，将上层有机相倒入分液漏斗中。一些水层不可避免地和有机相一起移入分液漏斗中。向烧杯中的水层加入 7mL 正丁醇，充分搅拌 5min，使液相分层。分去下层水相，将上层倾入前面的分液漏斗中，与第一次的有机相合并。

在分液漏斗中静置 5min，让液相分层。除去水相，将有机相倒入大烧杯中，在通风橱中将大烧杯置于电热套上蒸发，除去溶剂、洗涤剂及沉淀析出，蒸发的同时要常搅拌混合物以防产物分解。将湿的固体置于 80℃ 的红外灯下烘干，得产物约 3.0g。

四、注意事项

① 由于氯磺酸的强烈挥发性，称料应在通风橱中进行，并装入恒压漏斗中滴加。
② 因氯磺酸遇水会分解，故所用玻璃仪器必须干燥。
③ 氯磺酸为腐蚀性很强的酸，使用时必须戴好橡皮手套，在通风橱内操作。
④ 氯磺酸滴加速度要慢，否则会产生大量的气泡容易引起冲料。

五、课后作业

练一练，测一测

① 在制备过程中，加冰醋酸的目的是什么？
② 硫酸酯盐型阴离子表面活性剂有哪几种？写出结构式。
③ 高级醇硫酸酯盐有哪些特性和用途？
④ 滴加氯磺酸时，温度为什么要控制在 30℃ 以下？
⑤ 产品的 pH 为什么要控制在 7～8.5？
⑥ 试解释洗涤剂去污原理。
⑦ 比较肥皂和月桂醇硫酸酯钠化学性质上的差异。

任务 6
餐具洗涤液的制备
（精细化学品的制备）

【学习目标】

1. 知识目标

① 掌握餐具洗涤剂的制备方法。

② 了解餐具洗涤剂的配方组成。

2. 技能目标

① 熟练使用恒温水浴搅拌装置。

② 能够按照洗涤剂的配方制备餐具洗涤液。

3. 素养目标

理论联系实际，认真钻研，提高职业素养。

一、任务准备

餐具洗涤剂的主要成分是表面活性剂，表面活性剂是分子结构中含有亲水基和亲油基两部分的有机化合物。一般是根据表面活性剂在水溶液中能否分解为离子，又将其分为离子型表面活性剂和非离子型表面活性剂两大类。离子型表面活性剂又可分为阳离子表面活性剂、阴离子表面活性剂和两性离子表面活性剂三种。本实训任务中用的表面活性剂有 AES、十二烷基苯磺酸钠和 6501。

AES：阴离子表面活性剂，化学名称为脂肪醇聚氧乙烯醚硫酸钠。易溶于水，具有优良的去污、乳化、发泡性能和抗硬水性能，温和的洗涤性质不会损伤皮肤。广泛应用于香波、浴液、餐具洗涤剂、复合皂等洗涤用品；用于纺织工业润湿剂、清洁剂等。

十二烷基苯磺酸钠：阴离子表面活性剂，生产成本低、性能好，因而用途广泛，是家用洗涤剂用量最大的合成表面活性剂。不易氧化，起泡力强，去污力高，易与各种助剂复配，成本较低，合成工艺成熟，应用领域广泛，是非常出色的阴离子表面活性剂。特别对颗粒污垢、蛋白污垢和油性污垢有显著的去污效果，对天然纤维上颗粒污垢的洗涤作用尤佳，去污力随洗涤温度的升高而增强，对蛋白污垢的作用高于非离子表面活性剂，且泡沫丰富。

6501：非离子型表面活性剂，化学名称为椰子油脂肪酸二乙醇酰胺，淡黄色至琥珀色黏稠液体。易溶于水，具有良好的发泡、稳泡、渗透去污、抗硬水等功能。在阴离子表面活性剂呈酸性时与之配伍，增稠效果特别明显，能与多种表面活性剂配伍，能加强清洁效果。主要用于香波及液体洗涤剂的制造。

二、仪器设备与试剂

1. 仪器设备

恒温水浴锅、1000mL 烧杯、电动搅拌器、无级调速器和铁架台。

2. 试剂及其他

AES、十二烷基苯磺酸钠、6501、乙二胺四乙酸（EDTA）、氢氧化钠（固体，学生自配成 10% 溶液）、三聚磷酸钠、氯化钠、甲醛、柠檬香精、去离子水、pH 试纸。

三、任务实施

1. 洗涤剂配方

洗涤剂配方如表 5-4 所示。

表 5-4　洗涤剂配方

试剂名称	用量	试剂名称	用量
AES	12.5g	三聚磷酸钠	3.0g
十二烷基苯磺酸钠	15.0g	氯化钠	3.0g
6501	22.5g	甲醛	5～10 滴
EDTA	0.1g	柠檬香精	5～8 滴
氢氧化钠	1.5g	去离子水	500mL

2. 操作步骤

① 组装好生产装置，在恒温水浴锅中加入自来水，水量以高出烧杯中反应物 1cm 左右为宜。

② 将 500mL 去离子水加入 1000mL 烧杯中，放至恒温水浴锅中。

③ 设定加热温度，开启电动搅拌器并升温至 40℃，慢慢加入 AES，并不停地搅拌，全部溶解后停止搅拌。注意在溶解过程中，水温要保持 40℃ 左右，最高不要超过 50℃。

④ 保持水温在 40～50℃ 之间，在连续搅拌下依次加入十二烷基苯磺酸钠、6501 等表面活性剂，搅拌、混合均匀为止。

⑤ 保持温度在 40℃ 左右，在连续搅拌下依次加入 EDTA、氢氧化钠、三聚磷酸钠，搅拌、混合均匀，调节反应溶液的 pH 值在 7～8.5 范围内。

⑥ 降温至 40℃ 以下，加入柠檬香精、甲醛，搅拌、混合均匀。

⑦ 加入氯化钠调节黏度。氯化钠要溶于少量水中，先加规定量的大部分，再用余下的食盐水进行黏度调节，调节之前，先把产品冷却到环境温度或测黏度时的标准温度。

3. 产品质量及要求

外观：均匀透明液体。

总固体物含量（%）：≤1.2。

pH：7～8.5。

冻点：在 0℃ 放置 48h 后不混浊、不凝固、不分层、无结晶。

黏度（cP）：100～350。

去污力：合格。

四、注意事项

① 温度控制要基本精确，产品的 pH 值一定要准确。

② 每加入一种试剂，都要完全溶解、混合均匀后才能加另外一种试剂，否则会出现产品溶解不匀、不透明等现象。

五、课后作业

① 为何在溶解 AES 时不能超过 50℃？温度过高容易产生什么现象？

② 为何要控制 pH 值在 7～8.5 之间？pH 值过高容易产生什么现象？

③ EDTA、食盐、甲醛等试剂在餐具洗涤液中的作用是什么？

练一练，测一测

任务 7

提取茶叶中的咖啡因
（天然产物的提取）

【学习目标】

1. **知识目标**
   ① 掌握天然产物的提取方法。
   ② 掌握索氏提取器的构造、原理。

2. **技能目标**
   ① 熟练使用索氏提取器。
   ② 能够用溶剂萃取法和升华法提纯有机化合物。

3. **素养目标**
   严肃、细致、认真、实事求是地操作和记录实验数据。

一、任务准备

天然产物是从天然动、植物体内衍生出来的有机化合物。凡从天然植物或动物资源衍生出来的有机物都称为天然有机化合物。人类对天然有机化合物的利用历史悠久，事实上，有机化学本身就源于对天然产物的研究。有些天然产物可做染料、香料；有些天然产物具有神奇药效。在研究天然产物的过程中，首先要解决的是天然产物的提取和纯化。常用的提取方法有溶剂萃取法、水蒸气蒸馏法等。在提取过程中，人们十分关心如何提高萃取效率，并保证被提取组分的分子结构不受破坏。超临界流体萃取技术可解决这个问题。

咖啡因，又名咖啡碱，化学名称为 1,3,7-三甲基-2,6-二氧嘌呤，可以从茶叶中提取。茶叶中咖啡因的含量为 $1\% \sim 5\%$，此外还含有单宁酸（$11\% \sim 12\%$）、蛋白质、纤维素、茶多酚、可可碱等成分。咖啡因呈弱碱性，具有刺激、兴奋大脑神经和利尿作用，可作为中枢神经兴奋药，也是复方阿司匹林等药物的组分之一。含结晶水的咖啡因为无色针状晶体，味苦，能溶于冷水和乙醇，易溶于热水、氯仿等，加热到 $100\,^\circ\mathrm{C}$ 时即失去结晶水，并开始升华，$120\,^\circ\mathrm{C}$ 升华显著，$178\,^\circ\mathrm{C}$ 时很快升华。无水咖啡因熔点为 $235\,^\circ\mathrm{C}$。咖啡因结构式如下：

$$H_3C-\text{（咖啡因结构式）}-CH_3$$

本实验提取咖啡因采用溶剂萃取法。利用95％乙醇作溶剂，在索氏提取器中连续抽提，使其与不溶于乙醇的纤维素和蛋白质等分离。萃取液中除咖啡因外，还含有叶绿素、单宁酸等杂质。蒸去溶剂后，在粗咖啡因中搅入生石灰，使其与单宁酸等酸性物质生成钙盐。游离的咖啡因则通过升华得到提纯。

二、仪器设备与试剂

1. 仪器设备

索氏提取器、圆底烧瓶、120°弯管、直形冷凝管、接液管、蒸发皿、滤纸、普通漏斗、电热套、滤纸、酒精灯。

2. 试剂

茶叶、95％乙醇、氧化钙。

三、任务实施

1. 提取

用滤纸做一个比索氏提取器提取筒内径稍小的圆柱状纸筒，装入5g研细的茶叶并折叠封住开口端，放入提取筒中。安装索氏提取装置（见图5-1），在烧瓶中加入50mL 95％乙醇，置于电热套上加热回流（液体在提取筒中蓄积，固体将浸入液体中。当液面超过虹吸管顶部时，蓄积的液体将回到烧瓶中）。连续提取1～1.5h。当提取液颜色很淡时即可停止提取，待冷凝液刚刚虹吸下去时，立即停止加热。

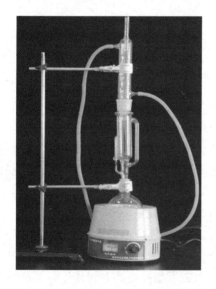

图 5-1 索氏提取装置

图 5-2 咖啡因的升华装置

2. 蒸馏、浓缩

待稍冷后，改成普通蒸馏装置，回收提取液中大部分的乙醇。当剩余液为5～10mL时，趁热将瓶中的剩余液倒入蒸发皿中，留作升华提取咖啡因用。

3. 中和、除水

向盛有提取液的蒸发皿中加入4g生石灰粉，拌成糊状。继续小火加热至干。此间仍需不断搅拌，并压碎块状物，小心焙烧（防止过热使咖啡因升华），除尽水分。冷却后，擦去粘在蒸发皿边缘的粉末，以免升华时污染产品。

4. 升华

取一个合适大小的玻璃漏斗罩在蒸发皿上，两者之间用一张穿有许多小孔（孔刺向上）的滤纸隔开（见图 5-2），小火小心加热升华，当漏斗内出现棕色烟雾（或滤纸上出现白色针状结晶时），停止加热。冷却后，取下漏斗，轻轻揭开滤纸，将滤纸上的咖啡因刮下。如残渣为绿色，可将残渣搅拌后用较高温度再加热片刻，再次升华，至残渣为棕色时升华完全。合并两次收集的咖啡因，称重，得产品约 50mg。

四、注意事项

① 滤纸套筒要紧贴器壁又方便取放，其高度不得超过虹吸管顶端。滤纸包茶叶末时，要严防漏出，以免堵塞虹吸管。纸套上面可盖一层滤纸，或上部折成凹形，以保证回流液均匀浸透被萃取物。

② 索氏提取器的虹吸管极易折断，所以安装仪器和实验过程要特别小心。

③ 浓缩提取液时不可蒸得太干，以免因残液很黏而难以转移，造成损失。

④ 拌入生石灰要均匀，生石灰的作用除吸水外，还可中和除去部分酸性杂质（如单宁酸，也叫鞣酸）。

⑤ 中和、除水时要除尽水分，若留有少量水分，则会在升华时产生一些烟雾污染器皿。

⑥ 在萃取回流充分的前提下，升华操作是实验成败的关键。在升华过程中，始终都需小火，严格控制加热速度，温度太高，会使产物发黄（分解）甚至炭化，还会把一些有色物质带进来，使产品不纯。

⑦ 升华是将具有较高蒸气压的固体物质，在加热到熔点以下时，不经过熔融状态就直接变成蒸气，蒸气变冷后，又直接变回固体的过程。升华是精制某些固体化合物的方法之一。能用升华方法精制的物体，必须满足以下条件：a. 被精制的固体要有较高的蒸气压，在不太高的温度下应具有高于 67kPa（20mmHg）的蒸气压；b. 杂质的蒸气压应与被纯化的固体化合物的蒸气压有显著的差异。

⑧ 再升华是为了使升华完全，也要严格控制加热速度，一定要控制在固体化合物熔点以下。

⑨ 刮下咖啡因要小心操作，防止混入杂质。

五、课后作业

① 为什么可用升华法提取咖啡因？
② 除可用乙醇萃取咖啡因外，还可用哪些溶剂？
③ 为得到较纯、较多的咖啡因，应注意哪些操作？
④ 加入生石灰有何目的？
⑤ 粗产物焙烧时，为什么要小火？
⑥ 升华过程中，能否取下漏斗观察升华情况，为什么？
⑦ 从茶叶中提取出的粗咖啡因是绿色的，为什么？

练一练，测一测

任务 8

菠菜色素的提取和分离
（天然产物的提取）

【学习目标】

1. 知识目标
① 掌握提取和分离叶绿体中色素的方法。

② 掌握层析的原理和方法。

③ 了解层析在有机化学实验实训中的应用。

2. 技能目标
① 学会用层析法提取色素。

② 能够观察和区别叶绿体中的四种色素。

3. 素养目标
① 树立安全意识。

② 具备环保生产理念。

一、任务准备

叶绿体中的色素主要包括叶绿素 a、叶绿素 b、叶黄素和胡萝素等。它们都能溶解在有机溶剂中，如丙酮、无水乙醇等，所以用无水乙醇可提取叶绿体中的色素。不同色素在层析液中溶解度不同，溶解度高的色素分子随层析液在滤纸条上扩散得快，溶解度低的色素分子随层析液在滤纸条上扩散得慢，因而可用层析液将不同色素分离。

二、仪器设备与试剂

1. 仪器设备
研钵、试管、培养皿、滤纸、烧杯、毛细吸管等。

2. 试剂及其他
95％乙醇、碳酸钙粉、层析液、新鲜的菠菜叶、石英砂。

三、任务实施

1. 制备样品
称量 5g 新鲜、浓绿菠菜叶片并剪碎，加入少量 SiO_2、$CaCO_3$ 和 10mL 95％乙醇，加入研钵，迅速充分研磨，过滤，收集滤液到试管内，及时用棉塞将试管口塞紧，以免滤液挥发。

2. 制备滤纸条

将干燥的滤纸剪成长约 6cm，宽约 1cm 的纸条，剪去一端两外角，在距离剪角一端 1cm 处用铅笔画线。

3. 画滤液细线

用毛细吸管吸收少量滤液，沿铅笔线处均匀地画一条直的滤液细线。干燥后，重复 2～3 次。

4. 色素分离

将 3mL 层析液倒入烧杯中，将滤纸条尖端朝下略微斜靠烧杯内壁，轻轻插入层析液，用培养皿盖上烧杯。

5. 观察与记录

正常情况下滤纸条上出现 4 条宽度颜色不同的色带。由上向下：胡萝卜素（橙黄色）、叶黄素（黄色）、叶绿素 a（蓝绿色）、叶绿素 b（黄绿色）。有条件的可以分别对上述色素进行光谱分析。

四、注意事项

① 加入少许 SiO_2 是为了研磨充分；加入少许 $CaCO_3$ 是为了防止在研磨时叶绿体中的色素受到破坏。

② 滤液细线不但要细、直，而且须含有比较多的色素（可以画两三次）。

③ 层析液按石油醚∶丙酮∶苯的体积比为 10∶2∶1 配制。滤纸上的滤液细线不能触到层析液。

④ 丙酮、苯等毒性较大且易挥发，要用棉塞和滤纸盖住烧杯减少丙酮、苯等挥发。

五、课后作业

① 滤纸条上的滤液细线为什么不能触及层析液？

② 本实验为什么要在通风条件下进行？

练一练，测一测

任务 9

制备对硝基苯甲酸（设计性实验）

一、任务准备

对硝基苯甲酸，黄色结晶粉末，无臭，能升华。微溶于水，能溶于乙醇等有机溶剂。遇明火、高热可燃。受热分解。可用作医药、染料、兽药、感光材料等有机合成的中间体。用于生产盐酸普鲁卡因、普鲁卡因胺盐酸盐、对氨甲基苯甲酸、叶酸、苯佐卡因、退嗽、头孢菌素 v、对氨基苯甲酰谷氨酸、贝尼尔，以及生产活性艳红 M-8B、活性红紫 X-2R，以及滤光剂、彩色胶片成色剂、金属表面除锈剂、防晒剂等。可由对硝基甲苯氧化而得。反应式如下：

二、任务要求

① 了解对硝基苯甲酸的用途，掌握对硝基苯甲酸的合成原理。

② 查阅文献、资料，调查工业上、实验室中实现有关反应的具体方法，选择合理的合成路线。

③ 以对硝基甲苯为起始原料，按其用量为 2g 来设计制备反应、粗产物的分离、精制及鉴定的实验方案。

④ 分组讨论优化反应条件，严肃、细致、认真、实事求是地操作和记录实验数据。

⑤ 对实验过程操作及反应结论进行讨论，注意安全操作。

任务 10

微波辐射及相转移催化下制备对甲苯基苄基醚（绿色合成设计）

一、任务准备

对甲苯基苄基醚属于芳香族的混醚，具有水仙、茉莉的香味，是皂用香精的原料，也是有机合成的中间体。烷基芳香基醚的合成方法主要有浓硫酸催化法、相转移催化法、溶剂法、微波法、非催化剂法等。对甲苯基苄基醚的传统合成方法是采用威廉逊合成法。该法是在无水条件下进行的，实验条件苛刻，反应时间长、操作复杂、产品收率低。

相转移催化法是近几十年来发展的一种有机合成方法，具有反应条件温和、操作简单、反应速率快、选择性好、收率较高的特点，受到广泛重视。据报道，使用相转移催化剂在常压下合成对甲苯基苄基醚，产品收率高，但反应时间仍很长。

二、任务要求

① 了解芳香族混醚的用途，掌握芳香族混醚的合成原理。

② 学习相转移催化有机反应的原理。

③ 学习微波法合成有机化合物的原理及操作。

④ 以微波辐射和相转移催化剂相结合的方法，以对甲苯酚（0.1mol）、氯化苄为起始原料，设计探索一种快速、高收率的合成对甲苯基苄基醚的方法。

⑤ 查阅文献、资料获取有效信息。

⑥ 分组实验，优化反应物比例、催化剂用量、微波辐射时间及功率对产率的影响。

⑦ 严肃、细致、认真、实事求是地操作和记录实验数据。

⑧ 深化绿色、高效有机合成理念在有机化学中的运用。

附 录

附录 1 常用试剂的配制

1. 氯化亚铜氨溶液

称取 0.5g 氯化亚铜溶解于 10mL 浓氨水中,再用水稀释至 25mL,过滤,除去不溶性杂质。

氯化亚铜氨溶液应为无色透明液体。但由于亚铜盐在空气中很容易被氧化成二价铜盐,使溶液变成蓝色,将会掩蔽乙炔亚铜的红色沉淀。此时可将上述滤液稍稍加热,边搅拌边缓慢加入羟胺盐酸盐,至蓝色消失为止。

羟胺盐酸盐是强还原剂,可使生成的 Cu^{2+} 还原成 Cu^+。反应式如下:

$$4Cu^{2+} + 2NH_2OH \longrightarrow 4Cu^+ + 2N_2O + 4H^+ + H_2O$$

2. 饱和溴水

称取 1.5g 溴化钾,溶解于 100mL 蒸馏水中,再加入 10g 溴,摇匀即可。

3. 碘-碘化钾溶液

称取 20g 碘化钾,溶解于 100mL 蒸馏水中,再加入 10g 研细的碘粉。搅拌使其完全溶解,得深红色溶液,保存在棕色试剂瓶中,于避光处放置。

4. 卢卡斯试剂

称取 34g 无水氯化锌,在蒸发皿中加热熔融,并不断搅拌。稍冷后,放入干燥器中冷至室温。将盛有 23mL 浓盐酸(相对密度 1.19)的烧杯置于冰-水浴中冷却(以防氯化氢逸出),边搅拌边加入上述干燥的无水氯化锌。

此试剂极易吸水失效,所以一般是临用前配制。

5. 饱和亚硫酸氢钠溶液

称取 67g 亚硫酸氢钠,溶解于 100mL 蒸馏水中,再加入 25mL 不含醛的无水乙醇,混匀后若有晶体析出,须过滤除去。饱和亚硫酸氢钠溶液不稳定,容易分解和氧化,因此不能久存,宜在实验前临时配制。

6. 1%酚酞溶液

称取 1g 酚酞,溶解于 90mL 95% 乙醇中,再加水稀释至 100mL。

7. 铬酸试剂

称取 25g 铬酸酐,加入 25mL 浓硫酸,搅拌均匀成糊状物。在不断搅拌下,将此糊状物小心倒入 75mL 蒸馏水中,混匀,即得到澄清的橘红色溶液。

8. 苯酚溶液

称取 5g 苯酚,溶解于 50mL 5% 氢氧化钠溶液中。

9. β-萘酚溶液

称取 5g β-萘酚溶液，溶解于 50mL 5％氢氧化钠溶液中。

10. α-萘酚乙醇溶液

称取 2gα-萘酚，溶解于 20mL 95％乙醇中，用 95％乙醇稀释至 100mL，贮存在棕色瓶中。一般在使用前配制。

11. 2，4-二硝基苯肼试剂

① 称取 1.2g 2,4-二硝基苯肼，溶解于 50mL30％高氯酸溶液中，搅拌均匀，贮存在棕色瓶中。

② 将 2，4-二硝基苯肼溶解于 2mol/L 盐酸溶液中，配成饱和溶液。

12. 希夫试剂（又称品红试剂）

称取 0.2g 品红盐酸盐，溶解于 100mL 热水中，放置冷却后，加入 2g 亚硫酸氢钠和 2mL 浓盐酸，再用蒸馏水稀释至 200mL。

13. 斐林试剂

斐林试剂由斐林溶液 A 和斐林溶液 B 组成。使用时将两者等体积混合。配制方法如下：
① 斐林溶液 A：称取 7g 硫酸铜晶体溶解于 100mL 蒸馏水中，得淡蓝色溶液。
② 斐林溶液 B：称取 34.6g 酒石酸钾钠和 14g 氢氧化钠，溶解于 100mL 水中。

14. 本尼迪克试剂

本尼迪克试剂由斐林试剂改进，化学性质稳定，可长期保存，使用方便。配制方法如下：
① 称取 4.3g 硫酸铜晶体溶解于 50mL 蒸馏水中，制成溶液 A。
② 称取 43g 柠檬酸钠及 25g 无水碳酸钠，溶解于 200mL 蒸馏水中，制成溶液 B。
③ 在不断搅拌下，将 A 溶液缓慢加入 B 溶液中，混匀后贮存在试剂瓶中。

本尼迪克试剂除用于鉴定醛酮外，还可用于检验糖尿病患者的尿糖含量。在患者的尿样中滴加本尼迪克试剂，如出现红色沉淀记为"＋＋＋＋"、黄色沉淀记为"＋＋＋"、绿色沉淀记为"＋＋"，蓝色溶液不变，则检验结果为阴性。

15. 苯肼试剂

① 在 100mL 的烧杯中，加入 5mL 苯肼和 50mL 10％醋酸溶液，再加入 0.5g 活性炭，搅拌后过滤，将滤液保存在棕色试剂瓶中。

② 称取 5g 苯肼盐酸盐，溶解于 160mL 蒸馏水中，再加入 0.5g 活性炭，搅拌脱色后过滤。在滤液中加入 9g 醋酸钠晶体，搅拌使其溶解，贮存在棕色试剂瓶中。

苯肼盐酸盐与醋酸钠经复分解反应生成苯肼醋酸盐。苯肼醋酸盐是弱酸弱碱盐，在水溶液中发生分解，生成苯肼：

$$C_6H_5NHNH_2 \cdot CH_3COOH \underset{}{\overset{H_2O}{\rightleftharpoons}} C_6H_5NHNH_2 + CH_3COOH$$

游离的苯肼难溶于水，所以不能直接使用。

16. 羟胺试剂

称取 1g 盐酸羟胺，溶解于 200mL 95％乙醇中，加入 1mL 甲基橙指示剂，再逐滴加入 5％氢氧化钠乙醇溶液，至混合液颜色刚刚变为橙黄色（pH 为 3.7～3.9）为止。贮存在棕色试剂瓶中。

17. 蛋白质溶液

取 25mL 蛋清，加入 100mL 蒸馏水，搅拌均匀后，用 2～3 层纱布过滤，滤除球蛋白即得清亮的蛋白质溶液。

18. 蛋白质-氯化钠溶液

取 20mL 新鲜蛋清，加入 30mL 蒸馏水和 50mL 饱和食盐水，搅拌溶解后，用 2～3 层纱布过滤。此溶液中含有球蛋白和清蛋白。

19. 茚三酮试剂

称取 0.1g 茚三酮，溶解于 50mL 蒸馏水中。此溶液不稳定，配制后应在两日内使用，久置易变质失灵。

20. 1%淀粉溶液

称取 1g 可溶性淀粉，溶解于 5mL 冷蒸馏水中，搅成稀浆状，然后在搅拌下将其倒入 94mL 沸水中，即得到近于透明的胶状溶液，放冷后贮存在试剂瓶中。

附录2　常用有机溶剂的纯化

在有机化学实验中，经常使用各类溶剂作为反应介质或用来分离提纯粗产物。由于反应的特点和物质的化学性质不同，对溶剂规格的要求也不相同。有些反应（如格氏试剂的制备反应）对溶剂的要求较高，即使微量杂质或水分的存在，也会影响实验的正常进行。这种情况下，就需对溶剂进行纯化处理，以满足实验的正常要求。

1. 无水乙醚

市售乙醚中常含有微量水、乙醇和其他杂质，不能满足无水实验的要求。可用下述方法进行处理，制得无水乙醚。

在 250mL 干燥的圆底烧瓶中，加入 100mL 乙醚和几粒沸石，装上回流冷凝管。将盛有 10mL 浓硫酸的滴液漏斗通过带有侧口的橡胶塞安装在冷凝管上端。接通冷凝水后，将浓硫酸缓慢滴入乙醚中，由于吸水作用产生热，乙醚会自行沸腾。

当乙醚停止沸腾后，拆除回流冷凝管，补加沸石后，改成蒸馏装置，用干燥的锥形瓶作接收器。在尾接管的支管上安装一支盛有无水氯化钙的干燥管，干燥管的另一端连接橡胶管，将逸出的乙醚蒸气导入水槽中。

用事先准备好的热水浴加热蒸馏，收集 34.5℃馏分 70～80mL，停止蒸馏。烧瓶内所剩残液倒入指定的回收瓶中（切不可向残液中加水）。

向盛有乙醚的锥形瓶中加入 1g 钠丝，然后用带有氯化钙干燥管的塞子塞上，以防止潮气侵入并可使产生的气体逸出。放置 24h，使乙醚中残存的痕量水和乙醇转化为氢氧化钠和乙醇钠。如发现金属钠表面已全部发生作用，则需补加少量钠丝，放置至无气泡产生，金属钠表面完好，即可满足使用要求。

2. 绝对乙醇

市售的无水乙醇一般只能达到 99.5% 的纯度，而许多反应中需要使用纯度更高的绝对乙醇，可按下法制取。

在 250mL 干燥的圆底烧瓶中加入 0.6g 干燥纯净的镁丝和 10mL 99.5％的乙醇，安装回流冷凝管，冷凝管上口附加一支无水氯化钙干燥管。

用沸水浴加热至微沸，移去热源，立刻加入几粒碘（注意此时不要振荡），可见碘粒附近随即发生反应，若反应较慢，可稍加热，若不见反应发生，可补加几粒碘。

当金属镁丝全部作用完毕后，再加入 100mL 99.5％乙醇和几粒沸石，水浴加热回流 1h。

改成蒸馏装置，补加沸石后，水浴加热蒸馏，收集 78.5℃馏分，贮存在试剂瓶中，用橡胶塞或磨口塞封口。此法制得的绝对乙醇，纯度可达 99.99％。

3. 丙酮

市售丙酮中往往含有甲醇、乙醛和水等杂质，可用下述方法提纯。

在 250mL 圆底烧瓶中，加入 100mL 丙酮和 0.5g 高锰酸钾，安装回流冷凝管，水浴加热回流。若混合液紫色很快消失，则需补加少量高锰酸钾，继续回流，直到紫色不再消失为止。

改成蒸馏装置，加入几粒沸石，水浴加热蒸出丙酮，用无水碳酸钾干燥 1h。

将干燥好的丙酮倾入 250mL 圆底烧瓶中，加入沸石，安装蒸馏装置（全部仪器均须干燥）。水浴加热蒸馏，收集 55～56.5℃馏分。

4. 乙酸乙酯

市售的乙酸乙酯常含有微量水、乙醇和乙酸。可先用等体积的 5％碳酸钠溶液洗涤，再用饱和氯化钙溶液洗涤，酯层倒入干燥的锥形瓶中，加入适量无水碳酸钾干燥 1h 后，蒸馏收集 77.0～77.5℃馏分。

5. 石油醚

石油醚是低级烷烃的混合物。根据沸程范围不同可分为 30～60℃、60～90℃ 和 90～120℃ 等不同规格。

石油醚中常含有少量沸点与烷烃相近的不饱和烃，难以用蒸馏法进行分离，此时可用浓硫酸和高锰酸钾将其除去。方法如下。

在 150mL 分液漏斗中，加入 100mL 石油醚，用 10mL 浓硫酸分两次洗涤，再用 10％硫酸与高锰酸钾配制的饱和溶液洗涤，直至水层中紫色不再消失为止。用蒸馏水洗涤两次后，将石油醚倒入干燥的锥形瓶中，加入无水氯化钙干燥 1h。蒸馏，收集需要规格的馏分。

6. 氯仿

普通氯仿中含有 1％乙醇（这是为防止氯仿分解为有毒的光气，作为稳定剂加进去的）。

除去乙醇的方法是用水洗涤氯仿 5～6 次后，将分出的氯仿用无水氯化钙干燥 24h，再进行蒸馏，收集 60.5～61.5℃馏分。纯品应装在棕色瓶内，置于暗处避光保存。

7. 苯

普通苯中可能含有少量噻吩，除去的方法是用少量（约为苯体积的 15％）浓硫酸洗涤数次，再分别用水、10％碳酸钠溶液和水洗涤。分离出苯，置于锥形瓶中，用无水氯化钙干燥 24h 后，水浴加热蒸馏，收集 79.5～80.5℃馏分。

附录 3 常见酸碱溶液的相对密度和质量分数

1. 盐酸

HCl 的质量 分数/%	相对密度 d_4^{20}	每 100mL 含 HCl 质量/g	HCl 的质量 分数/%	相对密度 d_4^{20}	每 100mL 含 HCl 质量/g
1	1.0031	1.003	22	1.1083	24.38
2	1.0081	2.006	24	1.1185	26.84
4	1.0179	4.007	26	1.1288	29.35
6	1.0278	6.167	28	1.1391	31.89
8	1.0377	8.301	30	1.1492	34.48
10	1.0476	10.48	32	1.1594	37.10
12	1.0576	12.69	34	1.1693	39.76
14	1.0676	14.95	36	1.1791	42.45
16	1.0777	17.24	38	1.1886	45.17
18	1.0878	19.58	40	1.1977	47.91
20	1.0980	21.96			

2. 硫酸

H_2SO_4 的质量 分数/%	相对密度 d_4^{20}	每 100mL 含 H_2SO_4 质量/g	H_2SO_4 的质量 分数/%	相对密度 d_4^{20}	每 100mL 含 H_2SO_4 质量/g
1	1.0049	1.005	65	1.5533	101.0
2	1.0116	2.024	70	1.6105	112.7
3	1.0183	3.055	75	1.6692	125.2
4	1.0250	4.100	80	1.7272	138.2
5	1.0318	5.159	85	1.7786	151.2
10	1.0661	10.66	90	1.8144	163.3
15	1.1020	16.53	91	1.8195	165.6
20	1.1398	22.80	92	1.8240	167.8
25	1.1783	29.46	93	1.8279	170.0
30	1.2191	36.57	94	1.8312	172.1
35	1.2579	44.10	95	1.8337	174.2
40	1.3028	52.11	96	1.8355	176.2
45	1.3476	60.64	97	1.8364	178.1
50	1.3952	69.76	98	1.8361	179.9
55	1.4453	79.49	99	1.8342	181.6
60	1.4987	89.90	100	1.8305	183.1

3. 硝酸

HNO_3 的质量 分数/%	相对密度 d_4^{20}	每 100mL 含 HNO_3 质量/g	HNO_3 的质量 分数/%	相对密度 d_4^{20}	每 100mL 含 HNO_3 质量/g
1	1.0037	1.004	65	1.3913	90.43
2	1.0091	2.018	70	1.4134	98.94
3	1.0146	3.044	75	1.4337	107.5
4	1.0202	4.080	80	1.4521	116.2
5	1.0257	5.128	85	1.4686	124.8
10	1.0543	10.54	90	1.4826	133.4
15	1.0842	16.26	91	1.4850	135.1
20	1.1150	22.30	92	1.4873	136.8
25	1.1469	28.67	93	1.4892	138.5
30	1.1800	35.40	94	1.4912	140.2
35	1.2140	42.49	95	1.4932	141.9
40	1.2466	49.87	96	1.4952	143.5
45	1.2783	57.52	97	1.4974	145.2
50	1.3100	65.50	98	1.5008	147.1
55	1.3393	73.66	99	1.5056	149.1
60	1.3667	82.00	100	1.5129	151.3

4. 氢氧化钠

NaOH 的质量 分数/%	相对密度 d_4^{20}	每 100mL 含 NaOH 质量/g	NaOH 的质量 分数/%	相对密度 d_4^{20}	每 100mL 含 NaOH 质量/g
1	1.0095	1.010	26	1.2848	33.40
2	1.0207	2.041	28	1.3064	36.58
4	1.0428	4.171	30	1.3277	39.83
6	1.0648	6.389	32	1.3488	43.16
8	1.0869	8.695	34	1.3696	46.57
10	1.1089	11.09	36	1.3901	50.05
12	1.1309	13.57	38	1.4102	53.59
14	1.1530	16.14	40	1.4300	57.20
16	1.1751	18.80	42	1.4494	60.87
18	1.1971	21.55	44	1.4685	64.61
20	1.2192	24.38	46	1.4873	68.42
22	1.2412	27.31	48	1.5065	72.31
24	1.2631	30.31	50	1.5253	76.27

5. 氢氧化钾

KOH 的质量分数/%	相对密度 d_4^{20}	每 100mL 含 KOH 质量/g	KOH 的质量分数/%	相对密度 d_4^{20}	每 100mL 含 KOH 质量/g
1	1.0068	1.01	26	1.2408	32.26
2	1.0155	2.03	28	1.2609	35.31
4	1.0330	4.13	30	1.2813	38.44
6	1.0509	6.31	32	1.3020	41.66
8	1.0690	8.55	34	1.3230	44.98
10	1.0873	10.87	36	1.3444	48.40
12	1.1059	13.27	38	1.3661	51.91
14	1.1246	15.75	40	1.3881	55.52
16	1.1435	18.30	42	1.4104	59.24
18	1.1626	20.93	44	1.4331	63.06
20	1.1818	23.64	46	1.4560	66.98
22	1.2014	26.43	48	1.4791	71.00
24	1.2210	29.30	50	1.5024	75.12

6. 碳酸钠溶液

Na_2CO_3 的质量分数/%	相对密度 d_4^{20}	每 100mL 含 Na_2CO_3 质量/g	Na_2CO_3 的质量分数/%	相对密度 d_4^{20}	每 100mL 含 Na_2CO_3 质量/g
1	1.0086	1.009	12	1.1244	13.49
2	1.0190	2.038	14	1.1463	16.05
4	1.0398	4.159	16	1.1682	18.50
6	1.0606	6.364	18	1.1905	21.33
8	1.0816	8.653	20	1.2132	24.26
10	1.1029	11.03			

7. 氢氧化氨溶液

NH_3 的质量分数/%	相对密度 d_4^{20}	每 100mL 含 NH_3 质量/g	NH_3 的质量分数/%	相对密度 d_4^{20}	每 100mL 含 NH_3 质量/g
1	0.9938	0.9956	16	0.9361	14.98
2	0.9895	1.980	18	0.9294	16.73
4	0.9811	3.920	20	0.9228	18.46
6	0.9730	5.840	22	0.9164	20.16
8	0.9651	7.720	24	0.9102	21.84
10	0.9575	9.580	26	0.9040	23.50
12	0.9502	11.40	28	0.8980	25.14
14	0.9431	13.20	30	0.8920	26.76

附录 4 常用有机溶剂的沸点和相对密度

名称	沸点/℃	d_4^{20}	名称	沸点/℃	d_4^{20}
甲醇	64.9	0.7914	苯	80.1	0.8787
乙醇	78.5	0.7893	甲苯	110.6	0.8669
乙醚	34.5	0.7137	二甲苯	~140.0	
丙酮	56.2	0.7899	氯仿	61.7	1.4832
乙酸	117.9	1.0492	四氯化碳	76.5	1.5940
乙酐	139.5	1.0820	二硫化碳	46.2	1.2632
乙酸乙酯	77.0	0.9003	硝基苯	210.8	1.2037
二氧六环	101.7	1.0337	正丁醇	117.2	0.8098

附录 5 常见共沸混合物

1. 常见有机物与水的二元共沸混合物

溶剂	沸点/℃	共沸点/℃	含水量/%	溶剂	沸点/℃	共沸点/℃	含水量/%
氯仿	61.2	56.1	2.5	甲苯	110.5	84.1	13.5
四氯化碳	77	66	4	二甲苯	140	92	35
苯	80.4	69.2	8.8	正丙醇	97.2	87.7	28.8
丙烯腈	78.0	70.0	13.0	异丙醇	82.4	80.4	12.1
二氯乙烷	83.7	72.0	19.5	正丁醇	117.7	92.2	37.5
乙腈	82.0	76.0	16.0	异丁醇	108.4	89.9	88.2
乙醇	78.3	78.1	4.4	正戊醇	138.3	95.4	44.7
吡啶	115.1	92.5	40.6	异戊醇	131.0	95.1	49.6
乙酸乙酯	77.1	70.4	6.1	氯乙醇	129.0	97.8	59.0

2. 常见有机溶剂的共沸混合物

共沸物	组分的沸点/℃	共沸物的组成(质量分数)/%	共沸点/℃
乙醇-乙酸乙酯	78.3;78	30;70	72
乙醇-苯	78.3;80.6	32;68	68.2
乙醇-氯仿	78.3;61.2	7;93	59.4
乙醇-四氯化碳	78.3;77	16;84	64.9
乙酸乙酯-四氯化碳	78;77	43;57	75
甲醇-四氯化碳	64.7;77	21;79	55.7
甲醇-苯	64.7;80.6	39;61	48.3
氯仿-丙酮	61.2;56.4	80;20	64.7
甲苯-乙酸	110.5;118.5	72;28	105.4
乙醇-苯-水	78.3;80.6;100	19;74;7	64.9

参考文献

［1］ 周志高，初玉霞．有机化学实验．4 版．北京：化学工业出版社，2022.

［2］ 高职高专编写组．有机化学实验．5 版．北京：高等教育出版社，2020.

［3］ 杨爱华，黄中梅．有机化学实验．北京：化学工业出版社，2023.

［4］ 胡富强，张勇．有机化学实验．北京：化学工业出版社，2023.

［5］ 周淑晶，冯艳茹，李淑贤．绿色化学．2 版．北京：化学工业出版社，2023.

［6］ 胡昱，吕小兰，郭瑛．有机化学实验．2 版．北京：化学工业出版社，2022.

［7］ 黄智敏，邢秋菊，李婷婷．微型有机化学实验．2 版．北京：化学工业出版社，2023.

［8］ 唐玉海，刘芸．有机化学实验．2 版．北京：高等教育出版社，2020.

［9］ 赵温涛，马宁，王元欣，等．有机化学实验．5 版．北京：高等教育出版社，2017.

［10］ 黄燕敏．有机化学实验．北京：化学工业出版社，2023.

［11］ 初玉霞．有机化学．4 版．北京：化学工业出版社，2020.

［12］ 李群，代斌．绿色化学原理与绿色产品设计．北京：化学工业出版社，2022.

有机化学实验手册

（活页式）

刘小忠　胡彩玲　主编

陈东旭　主审

化学工业出版社

·北京·

实验任务单

实验名称	认识仪器与设备				
专业及班级		实验操作人		实验时间	
实验小组成员				指导教师	
试剂及其理化性质					
仪器					
操作流程及注意事项					
指导教师意见	准入与否			是（　）	
				否（　）	

实验记录单

实验名称	认识仪器与设备				
专业及班级		实验操作人		实验时间	
实验小组成员				指导教师	
装置图					
操作步骤					
问题讨论					
成绩评定		指导教师签名： 日　　期：　　年　　月　　日			

实验任务单

实验名称	干燥玻璃仪器				
专业及班级		实验操作人		实验时间	
实验小组成员				指导教师	
试剂及其理化性质					
仪器					
操作流程及注意事项					
指导教师意见	准入与否		是（ ）		
			否（ ）		

实验记录单

实验名称	干燥玻璃仪器				
专业及班级		实验操作人		实验时间	
实验小组成员				指导教师	
装置图					
操作步骤					
问题讨论					
成绩评定		指导教师签名： 日　期：　　年　　月　　日			

实验任务单

实验名称	加热			
专业及班级		实验操作人		实验时间
实验小组成员			指导教师	
试剂及其理化性质				
仪器				
操作流程及注意事项				
指导教师意见	准入与否		是（　）	
			否（　）	

实验记录单

实验名称	加热				
专业及班级		实验操作人		实验时间	
实验小组成员				指导教师	
装置图					
操作步骤					
问题讨论					
成绩评定		指导教师签名： 日　期：　年　月　日			

实验任务单

实验名称	冷却				
专业及班级		实验操作人		实验时间	
实验小组成员				指导教师	
试剂及其理化性质					
仪器					
操作流程及注意事项					
指导教师意见	准入与否		是（　）		
			否（　）		

实验记录单

实验名称	冷却				
专业及班级		实验操作人		实验时间	
实验小组成员				指导教师	
装置图					
操作步骤					
问题讨论					
成绩评定			指导教师签名： 日　期：　年　月　日		

实验任务单

实验名称	干燥				
专业及班级		实验操作人		实验时间	
实验小组成员				指导教师	
试剂及其理化性质					
仪器					
操作流程及注意事项					
指导教师意见	准入与否			是（　）	
				否（　）	

实验记录单

实验名称	干燥				
专业及班级		实验操作人		实验时间	
实验小组成员				指导教师	
装置图					
操作步骤					
问题讨论					
成绩评定		指导教师签名： 日　期：　　年　　月　　日			

实验任务单

实验名称	萃取（或洗涤）				
专业及班级		实验操作人		实验时间	
实验小组成员				指导教师	
试剂及其理化性质					
仪器					
操作流程及注意事项					
指导教师意见	准入与否		是（　）		
			否（　）		

实验记录单

实验名称	萃取（或洗涤）			
专业及班级		实验操作人	实验时间	
实验小组成员			指导教师	
装置图				
操作步骤				
问题讨论				
成绩评定		指导教师签名： 日　期：　　年　　月　　日		

实验任务单

实验名称	过滤				
专业及班级		实验操作人		实验时间	
实验小组成员				指导教师	
试剂及其理化性质					
仪器					
操作流程及注意事项					
指导教师意见	准入与否		是（　） 否（　）		

实验记录单

实验名称	过滤				
专业及班级		实验操作人		实验时间	
实验小组成员				指导教师	
装置图					
操作步骤					
问题讨论					
成绩评定		指导教师签名： 日　期：　年　月　日			

实验任务单

实验名称	普通蒸馏				
专业及班级		实验操作人		实验时间	
实验小组成员				指导教师	
试剂及其理化性质					
仪器					
操作流程及注意事项					
指导教师意见	准入与否		是（　） 否（　）		

实验记录单

实验名称	普通蒸馏				
专业及班级		实验操作人		实验时间	
实验小组成员				指导教师	
装置图					
操作步骤					
问题讨论					
成绩评定		指导教师签名： 日　期：　年　月　日			

实验任务单

实验名称			水蒸气蒸馏		
专业及班级		实验操作人		实验时间	
实验小组成员				指导教师	
试剂及其理化性质					
仪器					
操作流程及注意事项					
指导教师意见		准入与否		是（　）	
				否（　）	

实验记录单

实验名称	水蒸气蒸馏				
专业及班级		实验操作人		实验时间	
实验小组成员				指导教师	
装置图	
操作步骤	
问题讨论	
成绩评定	指导教师签名： 日　期：　年　月　日

实验任务单

实验名称	减压蒸馏				
专业及班级		实验操作人		实验时间	
实验小组成员				指导教师	
试剂及其理化性质					
仪器					
操作流程及注意事项					
指导教师意见	准入与否		是（　　）		
			否（　　）		

实验记录单

实验名称	减压蒸馏				
专业及班级		实验操作人		实验时间	
实验小组成员				指导教师	
装置图	
操作步骤	
问题讨论	
成绩评定	指导教师签名： 日　期：　　年　　月　　日

实验任务单

实验名称	简单分馏				
专业及班级		实验操作人		实验时间	
实验小组成员				指导教师	
试剂及其理化性质					
仪器					
操作流程及注意事项					
指导教师意见	准入与否			是（　　）	
				否（　　）	

实验记录单

实验名称	简单分馏				
专业及班级		实验操作人		实验时间	
实验小组成员				指导教师	
装置图					
操作步骤					
问题讨论					
成绩评定		指导教师签名： 日　期：　　年　　月　　日			

实验任务单

实验名称	回流				
专业及班级		实验操作人		实验时间	
实验小组成员				指导教师	
试剂及其理化性质					
仪器					
操作流程及注意事项					
指导教师意见	准入与否			是（　）	
				否（　）	

实验记录单

实验名称	回流				
专业及班级		实验操作人		实验时间	
实验小组成员				指导教师	
装置图					
操作步骤					
问题讨论					
成绩评定		指导教师签名： 日　期：　　年　　月　　日			

实验任务单

实验名称			重结晶提纯乙酰苯胺	
专业及班级		实验操作人		实验时间
实验小组成员			指导教师	
试剂及其理化性质				
仪器				
操作流程及注意事项				
指导教师意见		准入与否	是（　）	
			否（　）	

实验记录单

实验名称	重结晶提纯乙酰苯胺				
专业及班级		实验操作人		实验时间	
实验小组成员				指导教师	
装置图					
操作步骤					
问题讨论					
成绩评定		指导教师签名： 日　期：　年　月　日			

实验任务单

实验名称	测定乙酰苯胺的熔点			
专业及班级		实验操作人		实验时间
实验小组成员				指导教师
试剂及其理化性质				
仪器				
操作流程及注意事项				
指导教师意见	准入与否		是（　　）	
			否（　　）	

实验记录单

实验名称	测定乙酰苯胺的熔点				
专业及班级		实验操作人		实验时间	
实验小组成员				指导教师	
装置图					
操作步骤					
问题讨论					
成绩评定		指导教师签名： 日　期：　　年　　月　　日			

实验任务单

实验名称		水蒸气蒸馏八角茴香			
专业及班级		实验操作人		实验时间	
实验小组成员				指导教师	
试剂及其理化性质					
仪器					
操作流程及注意事项					
指导教师意见		准入与否		是（　　）	
				否（　　）	

实验记录单

实验名称	水蒸气蒸馏八角茴香				
专业及班级		实验操作人		实验时间	
实验小组成员				指导教师	
装置图					
操作步骤					
问题讨论					
成绩评定		指导教师签名： 日　期：　年　月　日			

实验任务单

实验名称			制备甲烷			
专业及班级		实验操作人		实验时间		
实验小组成员				指导教师		
试剂及其理化性质						
仪器						
操作流程及注意事项						
指导教师意见		准入与否		是（ ） 否（ ）		

实验记录单

实验名称	制备甲烷				
专业及班级		实验操作人		实验时间	
实验小组成员				指导教师	
装置图					
操作步骤					
问题讨论					
成绩评定			指导教师签名： 日　期：　　年　　月　　日		

实验任务单

实验名称	鉴定烷烃的化学性质				
专业及班级		实验操作人		实验时间	
实验小组成员				指导教师	
实验原理					
试剂及其理化性质					
仪器					
操作流程/注意事项					
指导教师意见	准入与否		是（　）		
			否（　）		

实验记录单

实验名称	鉴定烷烃的化学性质				
专业及班级		实验操作人		实验时间	
实验小组成员				指导教师	
实验现象					
问题讨论					
结论					
成绩评定		指导教师签名： 日　期：　　年　　月　　日			

实验任务单

实验名称	制备乙烯和乙炔				
专业及班级		实验操作人		实验时间	
实验小组成员				指导教师	
试剂及其理化性质					
仪器					
操作流程及注意事项					
指导教师意见	准入与否			是（　） 否（　）	

实验记录单

实验名称	制备乙烯和乙炔				
专业及班级		实验操作人		实验时间	
实验小组成员				指导教师	
装置图	
操作步骤	
问题讨论	
成绩评定	指导教师签名： 日　期：　年　月　日

实验任务单

实验名称	鉴定乙烯和乙炔的化学性质				
专业及班级		实验操作人		实验时间	
实验小组成员				指导教师	
实验原理					
试剂及其理化性质					
仪器					
操作流程/注意事项					
指导教师意见	准入与否		是（　） 否（　）		

实验记录单

实验名称	鉴定乙烯和乙炔的化学性质			
专业及班级		实验操作人	实验时间	
实验小组成员			指导教师	
实验现象				
问题讨论				
结论				
成绩评定		指导教师签名： 日　期：　年　月　日		

实验任务单

实验名称	鉴定卤代烃的化学性质				
专业及班级		实验操作人		实验时间	
实验小组成员				指导教师	
实验原理					
试剂及其理化性质					
仪器					
操作流程/注意事项					
指导教师意见	准入与否		是（　　）		
			否（　　）		

实验记录单

实验名称	鉴定卤代烃的化学性质				
专业及班级		实验操作人		实验时间	
实验小组成员				指导教师	
实验现象					
问题讨论					
结论					
成绩评定			指导教师签名： 日　期：　　年　　月　　日		

实验任务单

实验名称	鉴定醇和酚的化学性质			
专业及班级		实验操作人		实验时间
实验小组成员			指导教师	
实验原理				
试剂及其理化性质				
仪器				
操作流程/注意事项				
指导教师意见	准入与否		是（　） 否（　）	

实验记录单

实验名称	鉴定醇和酚的化学性质			
专业及班级		实验操作人		实验时间
实验小组成员			指导教师	
实验现象				
问题讨论				
结论				
成绩评定		指导教师签名： 日　期：　　年　　月　　日		

实验任务单

实验名称	鉴定醛和酮的化学性质				
专业及班级		实验操作人		实验时间	
实验小组成员				指导教师	
实验原理					
试剂及其理化性质					
仪器					
操作流程/注意事项					
指导教师意见	准入与否			是（　） 否（　）	

实验记录单

实验名称	鉴定醛和酮的化学性质				
专业及班级		实验操作人		实验时间	
实验小组成员				指导教师	
实验现象					
问题讨论					
结论					
成绩评定		指导教师签名： 日　期：　年　月　日			

实验任务单

实验名称	鉴定羧酸及其衍生物的化学性质				
专业及班级		实验操作人		实验时间	
实验小组成员				指导教师	
实验原理					
试剂及其理化性质					
仪器					
操作流程/注意事项					
指导教师意见	准入与否			是（ ） 否（ ）	

实验记录单

实验名称	鉴定羧酸及其衍生物的化学性质				
专业及班级		实验操作人		实验时间	
实验小组成员				指导教师	
实验现象					
问题讨论					
结论					
成绩评定		指导教师签名： 日　期：　　年　　月　　日			

实验任务单

实验名称	鉴定含氮化合物的化学性质				
专业及班级		实验操作人		实验时间	
实验小组成员				指导教师	
实验原理					
试剂及其理化性质					
仪器					
操作流程/注意事项					
指导教师意见	准入与否		是（　）		
			否（　）		

实验记录单

实验名称	鉴定含氮化合物的化学性质				
专业及班级		实验操作人		实验时间	
实验小组成员				指导教师	
实验现象					
问题讨论					
结论					
成绩评定		指导教师签名： 日　期：　年　月　日			

实验任务单

实验名称		制备 β-萘乙醚			
专业及班级		实验操作人		实验时间	
实验小组成员				指导教师	
实验原理					
试剂及其理化性质					
仪器和设备					
操作流程及注意事项					
指导教师意见		准入与否		是（　）	
				否（　）	

实验记录单

实验名称	制备 β-萘乙醚				
专业及班级		实验操作人		实验时间	
实验小组成员				指导教师	
装置图	
操作步骤	
实验现象	
数据及其处理	
问题讨论	
成绩评定	指导教师签名： 日　期：　　年　　月　　日

实验任务单

实验名称	制备乙酸异戊酯				
专业及班级		实验操作人		实验时间	
实验小组成员				指导教师	
实验原理					
试剂及其理化性质					
仪器和设备					
操作流程及注意事项					
指导教师意见	准入与否		是（　）		
			否（　）		

实验记录单

实验名称	制备乙酸异戊酯				
专业及班级		实验操作人		实验时间	
实验小组成员				指导教师	
装置图					
操作步骤					
实验现象					
数据及其处理					
问题讨论					
成绩评定		指导教师签名： 日　期：　年　月　日			

实验任务单

实验名称	制备 1-溴丁烷			
专业及班级		实验操作人		实验时间
实验小组成员			指导教师	
实验原理				
试剂及其理化性质				
仪器和设备				
操作流程及注意事项				
指导教师意见	准入与否		是（ ） 否（ ）	

实验记录单

实验名称	制备 1-溴丁烷				
专业及班级		实验操作人		实验时间	
实验小组成员				指导教师	
装置图					
操作步骤					
实验现象					
数据及其处理					
问题讨论					
成绩评定		指导教师签名： 日　期：　年　月　日			

实验任务单

实验名称	制备阿司匹林			
专业及班级		实验操作人		实验时间
实验小组成员			指导教师	
实验原理				
试剂及其理化性质				
仪器和设备				
操作流程及注意事项				
指导教师意见	准入与否		是（　）	
			否（　）	

实验记录单

实验名称	制备阿司匹林				
专业及班级		实验操作人		实验时间	
实验小组成员				指导教师	
装置图					
操作步骤					
实验现象					
数据及其处理					
问题讨论					
成绩评定			指导教师签名： 日 期： 年 月 日		

实验任务单

实验名称			制备乙酰苯胺		
专业及班级		实验操作人		实验时间	
实验小组成员				指导教师	
实验原理					
试剂及其理化性质					
仪器和设备					
操作流程及注意事项					
指导教师意见		准入与否		是（　）	
				否（　）	

实验记录单

实验名称	制备乙酰苯胺				
专业及班级		实验操作人		实验时间	
实验小组成员				指导教师	
装置图					
操作步骤					
实验现象					
数据及其处理					
问题讨论					
成绩评定		指导教师签名： 日　期：　　年　　月　　日			

实验设计方案

实验名称	制备乙酸异戊酯				
专业及班级		实验操作人		实验时间	
实验小组成员				指导教师	
创新思路					
实验原理					
实验试剂					
仪器和设备					
操作流程及注意事项					
指导教师意见	准入与否		是（　）		
			否（　）		

实验记录单

实验名称	制备乙酸异戊酯				
专业及班级		实验操作人		实验时间	
实验小组成员				指导教师	
装置图					
操作步骤					
实验现象					
数据及其处理					
问题讨论					
结论					
成绩评定		指导教师签名： 日　期：　　年　　月　　日			

实验设计方案

实验名称	制备乙酸乙酯				
专业及班级		实验操作人		实验时间	
实验小组成员				指导教师	
创新思路					
实验原理					
实验试剂					
仪器和设备					
操作流程及注意事项					
指导教师意见	准入与否		是（　）		
			否（　）		

实验记录单

实验名称	制备乙酸乙酯				
专业及班级		实验操作人		实验时间	
实验小组成员				指导教师	
装置图					
操作步骤					
实验现象					
数据及其处理					
问题讨论					
结论					
成绩评定		指导教师签名： 日　期：　年　月　日			

实验设计方案

实验名称	制备有机玻璃(PMMA)				
专业及班级		实验操作人		实验时间	
实验小组成员				指导教师	
创新思路					
实验原理					
实验试剂					
仪器和设备					
操作流程及注意事项					
指导教师意见	准入与否			是( )	
				否( )	

实验记录单

实验名称	制备有机玻璃(PMMA)				
专业及班级		实验操作人		实验时间	
实验小组成员				指导教师	
装置图	
操作步骤	
实验现象	
数据及其处理	
问题讨论	
结论	
成绩评定	指导教师签名： 日　期：　　年　　月　　日

实验设计方案

实验名称		制备聚乙烯醇缩甲醛			
专业及班级		实验操作人		实验时间	
实验小组成员				指导教师	
创新思路					
实验原理					
实验试剂					
仪器和设备					
操作流程及注意事项					
指导教师意见	准入与否		是（　）		
			否（　）		

实验记录单

实验名称	制备聚乙烯醇缩甲醛				
专业及班级		实验操作人		实验时间	
实验小组成员				指导教师	
装置图					
操作步骤					
实验现象					
数据及其处理					
问题讨论					
结论					
成绩评定		指导教师签名： 日　期：　　年　　月　　日			

实验设计方案

实验名称	制备月桂醇硫酸酯钠				
专业及班级		实验操作人		实验时间	
实验小组成员				指导教师	
创新思路					
实验原理					
实验试剂					
仪器和设备					
操作流程及注意事项					
指导教师意见	准入与否		是（　）		
			否（　）		

实验记录单

实验名称	制备月桂醇硫酸酯钠				
专业及班级		实验操作人		实验时间	
实验小组成员				指导教师	
装置图					
操作步骤					
实验现象					
数据及其处理					
问题讨论					
结论					
成绩评定				指导教师签名： 日　期：　年　月　日	

实验设计方案

实验名称	餐具洗涤液的制备			
专业及班级		实验操作人		实验时间
实验小组成员			指导教师	
创新思路				
实验原理				
实验试剂				
仪器和设备				
操作流程及注意事项				
指导教师意见	准入与否		是（　）否（　）	

实验记录单

实验名称	餐具洗涤液的制备				
专业及班级		实验操作人		实验时间	
实验小组成员				指导教师	
装置图					
操作步骤					
实验现象					
数据及其处理					
问题讨论					
结论					
成绩评定			指导教师签名： 日　期：　年　月　日		

实验设计方案

实验名称	提取茶叶中的咖啡因				
专业及班级		实验操作人		实验时间	
实验小组成员				指导教师	
创新思路					
实验原理					
实验试剂					
仪器和设备					
操作流程及注意事项					
指导教师意见	准入与否		是（　）		
			否（　）		

实验记录单

实验名称	提取茶叶中的咖啡因				
专业及班级		实验操作人		实验时间	
实验小组成员				指导教师	
装置图					
操作步骤					
实验现象					
数据及其处理					
问题讨论					
结论					
成绩评定		指导教师签名： 日　期：　　年　　月　　日			

实验设计方案

实验名称	菠菜色素的提取和分离				
专业及班级		实验操作人		实验时间	
实验小组成员				指导教师	
创新思路					
实验原理					
实验试剂					
仪器和设备					
操作流程及注意事项					
指导教师意见	准入与否			是（　）	
				否（　）	

实验记录单

实验名称	菠菜色素的提取和分离				
专业及班级		实验操作人		实验时间	
实验小组成员				指导教师	
装置图					
操作步骤					
实验现象					
数据及其处理					
问题讨论					
结论					
成绩评定		指导教师签名： 日　期：　年　月　日			

实验设计方案

实验名称	制备对硝基苯甲酸				
专业及班级		实验操作人		实验时间	
实验小组成员				指导教师	
创新思路					
实验原理					
实验试剂					
仪器和设备					
操作流程及注意事项					
指导教师意见	准入与否		是（ ）		
			否（ ）		

实验记录单

实验名称	制备对硝基苯甲酸				
专业及班级		实验操作人		实验时间	
实验小组成员				指导教师	
装置图					
操作步骤					
实验现象					
数据及其处理					
问题讨论					
结论					
成绩评定		指导教师签名： 日　期：　年　　月　　日			

实验设计方案

实验名称	微波辐射及相转移催化下制备对甲苯基苄基醚				
专业及班级		实验操作人		实验时间	
实验小组成员				指导教师	
创新思路					
实验原理					
实验试剂					
仪器和设备					
操作流程及注意事项					
指导教师意见	准入与否		是（　）		
			否（　）		

实验记录单

实验名称	微波辐射及相转移催化下制备对甲苯基苄基醚				
专业及班级		实验操作人		实验时间	
实验小组成员				指导教师	
装置图					
操作步骤					
实验现象					
数据及其处理					
问题讨论					
结论					
成绩评定		指导教师签名： 日　期：　　年　　月　　日			